RHYTHM FROM THE UNIVERSE

汪诘———— 著

星空的琴弦

U0380594

海南出版社

·海口·

图书在版编目（CIP）数据

星空的琴弦 / 汪诘著 . -- 海口：海南出版社，
2023.6（2024.8 重印）.
ISBN 978-7-5730-1124-4
Ⅰ.①星… Ⅱ.①汪… Ⅲ.①天文学史－世界－普及
读物 Ⅳ.① P1-091
中国国家版本馆 CIP 数据核字（2023）第 061268 号

星空的琴弦
XINGKONG DE QINXIAN

著　　者：	汪　诘
策划编辑：	高　磊
责任编辑：	于晓静
封面设计：	與書工作室
插图绘制：	胡介眉　吴京平
部分天文摄影：	李梦尧　华佳俊
责任印制：	杨　程
印刷装订：	北京汇瑞嘉合文化发展有限公司
读者服务：	唐雪飞
出版发行：	海南出版社
总社地址：	海口市金盘开发区建设三横路 2 号
邮　　编：	570216
北京地址：	北京市朝阳区黄厂路 3 号院 7 号楼 101 室
电　　话：	0898-66812392　010-87336670
电子邮箱：	hnbook@263.net
版　　次：	2023 年 6 月第 1 版
印　　次：	2024 年 8 月第 2 次印刷
开　　本：	710 mm×1 000 mm　1/16
印　　张：	15
字　　数：	186 千字
书　　号：	ISBN 978-7-5730-1124-4
定　　价：	69.00 元

CONTENTS
目 录

第二版序

承蒙所有读者的厚爱,这本书在首版五年后,能再出第二版。我把第一版的文字又仔仔细细地过了一遍,将这五年来读者朋友们的指正一一修订,并且又新增了1万多字的内容,使得本书的知识点能跟上天文学的最新进展。

本书再版,对我而言是一件非常欣慰的事情。因为这些年来,经常会有人问我最喜欢自己写的哪本书,我的回答一直没有变过,就是《星空的琴弦》,虽然我的另外一本书《时间的形状》销量远高于本书。

我之所以对本书给予了最多的喜爱,是因为这本书有着重要的里程碑意义,它是我确立科普创作纲领后的第一本书。

我的科普创作纲领是这样一句话:

比科学知识更重要的是科学精神!

所以,在阅读本书之前,我想先请你花一点时间阅读前言,因为它能帮助你快速了解我的创作意图。

汪诘

2023 年 1 月

前言
科学精神比科学知识更重要

在本书中，你会读到天文学发展史上的重要人物和故事。但我的重点并不在历史本身，如果你误把这本书当成了一本正儿八经的科学正史书，那么你很可能会失望。我并不想写一本传统意义上的科学史书，我会在史料的基础上，展开合理的想象，创造一些故事性的情节，让很多历史上的名人当一回演员。但我努力想做到的是：通过这些小说化的情节表达的知识都是准确无误的。

这是因为，在我的观念中，科普的首要目的在于普及科学精神。科学精神是一种思维模式、思考方式，也是一种对待万事万物的理性态度，它包含不可分割的四个方面 —— 探索、怀疑、实证和理性。比如，某人告诉你一个结论：吸烟会导致女性的乳房下垂，并且给你看了他统计的几千份样本数据，这些数据确实表明吸烟女性的乳房情况要明显坏于不吸烟的女性，你是不是会立即信服他的结论呢？如果是的话，说明你的科学精神还不够。因为具备科学精神的人会认为他的这个研究方法只证明了相关性，并不能证明因果性。吸烟和女性乳房的情况确实呈现一定的相关规律，但并不能就此肯定吸烟是导致乳房下垂的原因。很可能真实的原因是吸烟的女性往往是作息习惯不够规律的一群人，或许这才导致了她们的乳房下垂，并且可能还不是唯一的原因。

如果要证明吸烟同乳房下垂具有因果性，则必须经过一系列的科学实证，也就是通过实验的方式来验证。首先实验的整个设计必须在逻辑上严密，并且实验过程必须符合严格的控制条件，可重复、可独立验证，以及符合概率统计规律。

同样的道理，我们经常会说啤酒肚，似乎喝啤酒会导致肚子变大，这也是一个用相关性概念偷换因果性概念的典型例子。实证只是科学精神的一个方面，除此之外还有探索、怀疑和理性等几个不可或缺的方面。总之，三言两语确实很难把科学精神说透，而科学精神也绝不是看了几本科普书，掌握了一些科学定律之后就能建立的。

本书的写作思路是这样的：通过讲述天文学史上的小故事，展示科学家们追寻科学真相的思维方式和他们的求证方法，让科学精神慢慢地注入你的头脑，因为他们的做法是科学精神的最好注解。我始终坚持的一点就是：比科学知识更重要的是科学精神。实际上，没有人能够通晓人类所有的科学知识，也没有人能够永远准确无误地说出各门学科涉及的数字，但是，科学精神却是人人都有可能掌握的。有了科学精神，我们才能更加理性地认识世界。不轻信，不盲从，提高去伪存真的能力，给自己一双更加明亮的眼睛。

为什么我要确立这样一种写作目的？那是因为当我对科学史了解得越多，我心中就越是充满遗憾。无论是西方人还是中国人自己写的科学史书，都鲜有提到中国人的名字。已经发生的都成了历史，不可能再有什么改变，但是我们今天的努力却可以改变未来。中华民族的子孙要对未来的科学发展做出大的贡献，科学精神的普及是一个关键。

人类文明走到今天，任何一个小学生都知道：地球是圆的；地球的自转产生了白天和黑夜；太阳是太阳系的中心；我们的地球和其他行星一样绕着太阳公转。这些常识看上去是多么天经地义，到处都是支撑这些常识的证据。

可真实情况是，如果我们把文明的起点定义为文字的发明，也就是公元前3200年苏美尔人创造出楔形文字的时代，那么人类文明差不多要经历2700多年，也就是到了公元前500年前后的古希腊时代，才有人开始认识到大地其实不是平的。又要经过2000多年，也就是到了公元15世纪的大航海时代，这个观点才被人们普遍接受（遗憾的是，中国是最晚普及"地球"概念的国家之一，普通中国人一直要到清末才开始知道自己脚下的大地其实是个大圆球）。而哥白尼提出地球不是宇宙中心的观点也是文明诞生4600多年之后的事情。这些你看来是天经地义的"常识"并不是那么的"平常"，这些知识其实来之不易。

在经历了无数的坎坷和反复之后，人类才终于能够对宇宙的概貌有一个正确的认识。可能读到这里，会有读者非常不屑地说："你是在代表人类自恋吧？历史无数次地告诉我们，所有那些曾经自以为'正确'的知识最后总是会被推翻的，你凭啥大言不惭地说我们对宇宙的概貌已经有了一个正确的认识？"坦诚地讲，有人能说出这番话，至少表明他们是具备了一定知识的人，但恰恰是这些不完整的知识又造成了他们对科学精神的重大误解。

我们常常会说，牛顿否定了亚里士多德，而爱因斯坦又否定了牛顿，但是如果你简单地认为从亚里士多德到牛顿的错误与牛顿到爱因斯坦的错误是一样的话，那么你犯的错误就比牛顿和亚里士多德加起来所犯的错误还要多。实际上，现在的中学生仍然在学习着被爱因斯坦"否定"

了的牛顿力学，而且即便是到了几万年以后，这种情况也不会改变，因为牛顿力学足以解决我们在日常生活中遇到的所有力学问题。用牛顿公式计算出来的水星运行轨道相比用爱因斯坦的公式计算出来的，每年只会偏差不到 1 角秒，这里的"角秒"是一个天文学上的角度单位，1 角秒等于 1/3600 度，也就是在手表的两个相邻整点之间再划分 108000 等份，每一等份就是 1 角秒。

因此"否定"这个词在科学定理上与我们日常生活中的口语有很大不同，科学定理只会被不断地"修正"，极少极少会被"完全推翻"，而历史上曾经被完全"推翻"的科学理论几乎只会发生在几百年以前，就连哥白尼的"日心说"也不能说是完全推翻了托勒密的"地心说"。人类文明进入近现代以后，就再也没有被完全"推翻"掉的科学理论了，以我所掌握的科学知识，我是一个也没想出来。正如美国著名的科普作家阿西莫夫指出的：在科学中，错误与错误之间是有相对性的，不是所有的"错误"之间都能画上等号。

最早的时候，人类认为地球是一个平面，这个认识其实并不可笑，因为地球的曲率只有 0.000126，以古人唯一的交通工具——双腿，和唯一的测量工具——双目来考察，平面地球是在他们的观测精度下得出的科学结论。后来古希腊的科学家发现地球是一个球体，那是因为人类的活动范围大大增加了，这个活动范围已经大到让古希腊的科学家们观测到了一个现象，那就是在同一个时刻不同地点的太阳照射倾角是不同的，正是这个观测精度的提升，使人类终于又朝着真相迈进了一步。

到了 18 世纪，人类的活动范围已经扩大到了全球，大航海时代对测量的精度要求大大增加，于是人类对地球进行了更加精确的测定，结果表明地球不是一个正球体，而是一个扁球体，但赤道直径和两极直径仅仅相差 44 千米，换言之，地球的扁率仅仅是 0.34%。

等到了 20 世纪，卫星上天以后，人类的测量精度已经可以达到头发丝那么细的级别，我们又发现地球其实并不是一个上下完全对称的扁球体，北半球比南半球稍微鼓起来一点，但这一点点仅仅是几米的差别，相对于地球的大小来说，也就是百万分之一的差别。你可以看到，人类对地球的认识是与人类所能观测到的精度直接相关的。在我们具备的观测精度下面，科学理论总是与之匹配，所有科学理论的修正都是在观测精度有了大幅的提升后才具备了实用意义。因此，我不得不遗憾地提醒那些活在正确和错误绝对化的精神世界中的朋友，虽然按照你们的理解，一切现在自认为正确的知识都是错的，但是我们的地球绝不会到了下一个世纪就变成六面体，再到下一个世纪又变成面包圈，我们对地球形状的认识差不多已经到头了。

今天，在微观上，我们已经可以探测到 100 亿亿分之一米大小的尺度；而在宏观上，已经拍到了距离我们 320 亿光年外（134 亿岁）的天体图像（GN-z11,NASA,2015）。我们已经对身处的这个宇宙有了一个基本的认识：地球只不过是太阳系中一颗适合生命生存的行星，太阳系不过是银河系中的一个恒星系，银河系也不过是本星系群中的一个棒旋星系，而本星系群又不过是宇宙中无数个星系群中的一员。我们这个宇宙诞生于 138 亿年前的一次大爆炸，我们的宇宙不但在膨胀，而且在加速膨胀。注意，上面所说的这一切并不是出自我们的"推测"，而是实实在在被我们"观测"到的事实，都有着极其过硬的证据。我敢说，不论时代进步到什么时候，这些我们已知的天文知识都不会发生根本性的改变。而这一切知识的来源都有着不平凡的经历，一代又一代天文学家耗费了毕生心血，才把人类对世界和宇宙的认识提升到了一个又一个新的高度。

现在，我将带你回到过去，在一个个激动人心的天文大发现的历史现场，你将和科学家们一起感受当时的兴奋，也体会他们探索的艰辛。新知识从来不会从天上掉下来，只会来自人类中那些好奇心最强的一群人，是他们的好奇心和执着的探索精神，让我们这些生活在太阳系中一个蓝色行星上的两足动物，窥探到了宇宙的奥秘。

这就跟我出发吧！

汪诘

2017 年 4 月

一

大地的形状

我们的故事要从 2500 多年前的古希腊开始讲起。

这里所说的古希腊，并不是古时候的希腊，现代希腊除在地理位置上和古希腊有很多重合外，基本上没有半毛钱关系。古希腊不是一个国家概念，而是一个地域概念，指的是 2500 多年前欧洲南部、地中海东北部，围绕着爱琴海的那一片土地。

在爱琴海边上的巴尔干半岛上，生活着一群有着远见卓识的古希腊人。那个时候的古希腊政治民主，思想开放，言论自由，因此诞生了一个又一个了不起的人物。

在一个秋高气爽的日子，数学家毕达哥拉斯（Pythagoras，约前570—约前 500）风尘仆仆地回到了自己的祖国希腊。他这几年一直在埃及和巴比伦游学，收获颇丰，自己的思想也逐渐变得成熟起来。毕达哥拉斯对数字有着一种近似疯狂的热爱，他可以随口说出自己的裤子是由几块布料缝制的，今天一共走了几步路，从上一次跟人争辩到今天过去了几天。总之，在毕达哥拉斯看来，这个世界就是由数字组成的，任何事情他都要分解为数字去研究。但他平生最害怕的就是被问到头发和胡子的数量，如果不是技术的原因，他早就想把自己的头发和胡子全部剃掉了。

　　毕达哥拉斯今天的心情十分愉快。天空万里无云，阳光温和地洒在身上，故乡的土地散发出收获季节特有的芬芳气息。此时的毕达哥拉斯站在一座小山坡上极目远眺，在目力的尽头，天地连为一线，他心中泛起无限感慨，同时也被大自然的和谐之美深深地打动着。突然，他的脑子里浮现出一个问题：为什么天是圆的，而地却是平的呢？自古以来，不论是希腊的先哲们，还是来自文明史更加悠久的埃及和巴比伦的先哲们，都告诉人们：天空就像是一口倒扣着的锅，覆盖着平整的大地。在天与地的尽头，就是天边，当然天边很远很远，至今也没有人能真正走到天边。这种天圆地方的假想似乎很符合我们眼睛所能看到的景象，然而先哲们对于大地之下到底是什么却从来没有一个统一的说法。有的人认为我们的大地是被一只巨大的乌龟驮着的，而这只乌龟又被另一只乌龟驮着，如此循环往下没有尽头。毕达哥拉斯每每想到这个解释都会忍不住笑出声来，他完全不相信这种说法，而且这种说法出自哪里已经很难考证了。毕达哥拉斯总觉得，这一定是某个无知的糟老太婆的幼稚想象。

　　埃及和巴比伦那边的智者通常认为大地其实是一个半球形，在大地的尽头是万丈深渊，而我们这个半球形的大地不需要被任何东西驮着。天比地要大得多，没有什么真正的"天边"，如果你走到天边，你依然会看到天离我们很远，因为我们的大地就处于这个"天"之中，飘浮在空气之中。

　　今天，毕达哥拉斯对这个半球形的大地模型突然感到非常别扭。这么多年以来，他学习和思考得越多，越觉得世间万物要么就是完美的几何图形，要么就是由和谐无比的数字组成的。在所有的平面形状中，圆形是最完美的，而在所有的立体形状中，球形是最完美的。"所以说，"毕达哥拉斯想，"我们这个宇宙一定是和谐、完美的，而我们的大地无论如何不可能是一个不完美的半球形，它一定是一个完美的球形；天上星辰的运动也一定是完美的圆形。自然之美其实就是图形和数字之美，这是我发现的宇宙奥义。"

当毕达哥拉斯把大地是个球形的想法告诉他的学生们时，引起阵阵惊呼。有学生就忍不住问："先生，如果我们的大地真是个球形的话，为什么我们拿一张地毯可以平整地铺满整个地面，而没有一点凸起的地方呢？"

毕达哥拉斯指着身边一棵三人合抱的大树说："看，这棵树上有一只蚂蚁正在爬，我敢保证，在这只蚂蚁看来，这棵树的表面也是平的，蚂蚁的眼界太小了。人类在大地上，就像这只蚂蚁，我们的目光能看到的距离实在太有限了，所以才会认为大地是平的。"

突然有一个学生惊恐地叫了出来："先生，有件事情，好可怕。"

毕达哥拉斯："可怕？什么可怕？"

学生："俺……俺有点，不敢说。"

毕达哥拉斯："你说吧，老师这么和蔼，怕什么。"

学生："那要是，我们，这么一直走，一直走，岂不是就会掉下去了？好可怕啊！"

毕达哥拉斯想了想，说："其实，这个问题我也想过。我认为，大地很大很大，虽然是个球形，但是我们根本走不到那么远。老师曾经到过很远很远的埃及和巴比伦，也没有感到脚下的大地倾斜了哪怕一点点。所以，我们这个大地一定是很大很大的，大到了远远超乎我们所有人的想象。当大地逐渐倾斜到一定角度的时候，那里一定寸草不生了，会有很长很长的一个荒芜的过渡带，那真是在很远很远的地方，或许用我们的一生都走不到那里呢。"

学生："听您这样说，俺的心情平静了一点，谢谢先生。"

另外一个学生问："先生，有没有什么证据可以支持大地是球形的观点呢？"

毕达哥拉斯回答："你在这个大自然中看到的一切就是证据啊，小同学。你看那滚圆的水滴，看那皎洁的月亮，看那初升的红日，看那美丽的彩虹，这个大自然中最美丽的平面图形就是圆形，最美丽的立体图形就是球形。我们的大地是大自然一切美的根基，包含了这个宇宙中一切最美丽的事物，大地本身一定是美的最高表现形式，它不可能不是个球体。我无法想象美丽的月亮或者太阳如果不是圆形的，而是三角形的话，这个世界会变成什么样。"

毕达哥拉斯就是这样一个人，他是个狂热的数字和几何图形崇拜者，他认为天地万物的本质无不由和谐的整数和优美的几何图形构成。他的这种观点，在当时是超过同时代的大多数哲学家的，因而毕达哥拉斯拥有众多学生和追随者，由他开创的毕达哥拉斯学派曾经创造过许多辉煌。在这个数的和谐思想的指引下，毕达哥拉斯和他的学生发现了直角三角形三条边的数学关系并证明了这个关系（毕达哥拉斯定理，也叫勾股定理），发现了整数倍的弦长一起振动可以构成美妙的和声。当越来越多大自然与整数的惊人规律被发现后，毕达哥拉斯愈加坚定了大地是球形的观点。

然而，毕达哥拉斯却不屑于去寻找大地是球形的证据，他认为自己在数学中的发现已经足够证明这个观点了。但是，对于当时的世人来说，任你毕达哥拉斯怎么思辨，大家仍然普遍认为大地是平的，偶尔有人提起毕达哥拉斯惊世骇俗的观点时，也都一笑了之，连反驳的兴趣都没有。缺乏证据，是毕达哥拉斯球形大地说最大的软肋。用思辨代替实证是人类早期的哲学家们最普遍的一种思维模式，实际上，在古代，哲学和科学并没有什么明确的界限，中国的古代先哲是最爱思辨的，我们拥有无数的思辨型经典著作，但很难找到一本开启实证思想的著作，实证思想的源头还是要到古希腊去寻找。

毕达哥拉斯死后100多年，一个叫作亚里士多德（Aristotle，前384—前322）的哲学家突然站了出来，再次宣称大地是球形的。他的观点在知识分子圈中引起巨大反响，不仅因为他有着响亮的名气和声望，最重要的是，亚里士多德提出了几个重要的证据。

亚里士多德是这么对大家说的："当你在海边看一艘帆船远离你而去，总是先看到船身消失，然后再看到桅帆消失，而不是看到它们同时缩小成一个越来越小的小点最后看不见。反过来，当帆船向你驶来的时候，你总是先看到桅帆，再看到整个船身。请问，假如大地是平的话，你们谁能合理地解释这个现象？"

有人回答："或许海面上空气的透明度是随着高度而变化的，船开到了远处，下面的空气重，透明度没有上面的好，所以我们就看到船是从下往上逐步消失的，其实这只不过是空气跟我们变的一个魔术而已。"

亚里士多德回应："晕，你可真能想，好吧，就算这是一个解释吧。那我再问一个。如果你们有过晚上长途跋涉的经历，应该跟我一样发现了一个有意思的现象，那就是如果我朝北极星的方向一直走，身后就会有一些星星逐渐消失在地平线上，而我的前方总是会慢慢升起一些星星。当然，你要走的时间足够长才行。请问，这难道不是一个最好的证据吗？"

没想到，众人纷纷说："老师啊，我们从来没赶过这么长时间的夜路啊，不知道你说的是真的假的哦？"

亚里士多德急了："各位，你们要是不信，今天晚上就试试看。但我还有一个终极证据，我看你们这次信不信服？"

亚里士多德拿起一根木棍在地上画了一个歪歪扭扭的圆圈，然后问道："你们知道这是什么吗？"

众人问："什么东西？"

亚里士多德回答："月亮，这是月亮。当发生月食的时候，我们会看到月亮慢慢地落到地球的影子中。"他边说边拿起木棍在圆形的月亮上面画了一些弧线。

有人插嘴道："月食我见过很多次了，确实如先生所画的，月亮的边缘是一个圆弧形。"

亚里士多德马上接过话头，大声说："没错，这就是我们的大地是个球体的最好证据，它在月亮上的影子明确证明了这一点，你们可以等待下一次月食来临的时候仔细观察。"

有人说："先生，可为啥月食产生的原因是月亮被地球的阴影遮住了呢？我记得先生的老师柏拉图先生好像说过月亮和太阳都绕着我们转，它们自己就会发光啊。"

亚里士多德："吾爱吾师，但吾更爱真理。我老师柏拉图错了，月亮不会自己发光，它只是反射太阳的光而已。"

亚里士多德提出来的这三个证据引起了很大反响，同时也引起了广泛争议。他是第一个通过实证的方式而不是思辨的方式，去思考大地形状的人。他提出的三大证据在今天看来是那么确凿无疑，但是，在2000多年前的古希腊，人们却不能接受大地是球体的这个论断。

并不是古人的智商比现代人低，事实上，人类的智商在5000多年中并没有明显提升，现代人的"聪明"只是知识积累和教育水平提升所造成的"假象"。古代的先哲们之所以很难接受"地球"这个客观事实的真正原因，依然是那个让毕达哥拉斯也想不通的问题：如果地球真的是球形的，那么为什么我们不会走着走着就脚朝上头朝下"掉下去"呢？

　　我想再三提醒我的读者，这并不可笑，而是一个非常严肃的问题。以至于在此后的2000多年中，有很多聪明无比的古代科学家都被这个问题折磨了一生，他们的常识（上下观念）和观测到的证据（大地是球形的）产生了严重的矛盾，直到一个叫牛顿的惊世天才横空出世，才结束了他们的梦魇，让他们再也不会在噩梦中"掉下去"了。这是后话，我们暂且不表。人类理性的光辉到那时为止，只不过是一个刚刚冒出了一点点微弱光亮的小火苗，但这个小火苗即将慢慢地扩大开来。

二

日月星辰的变化

太阳东升西落，日复一日，年复一年；人们日出而作，日落而息。这幅景象自人类诞生以来，就几乎从未改变过。一个孩子自懂事开始，就会问这个朴素的问题：为什么会有白天和黑夜？这个在今天看来简单得不能再简单的问题，却在人类历史上引发过持续上千年的世纪大辩论，古代的先哲们为此伤透了脑筋，磨破了嘴皮。这个问题之所以重要，因为它事关日月星辰运行的根本大法，是打开宇宙奥秘的第一扇大门。

一个普通人就能用自己的眼睛发现，太阳升起，大地一片光明；太阳落下，夜幕降临，虽有月亮和星光，但它们无法带来足够的光明。所以，任何人都可以由自己的观察得出结论：太阳的东升西落带来了白天和黑夜。一次太阳东升西落的周期，人们称为"一日"。

如果你每天晚上都观察月亮，就会发现月亮每天升起的时间总是会比前一天晚大约50分钟，而且月亮总是会从一个弯弯的弓形慢慢地变成满月，然后又慢慢变弯，如此周而复始。这样的一个周期，人们称为"一月"。

太阳和月亮的变化规律，我们每一个普通人很容易就能注意到，然而星星的变化规律，就不是每个人都能注意到的了。如果你从今天开始，每天晚上到同一个地点去观察头顶的美丽星空，坚持观察一年并且非常勤快地做好记录的话，那么你应当会注意到以下一些情况。

我们头顶上的绝大多数星星都在整体缓慢地向一侧移动，例如：你每天晚上都记录一下天狼星刚好位于远处一棵树梢上的时刻，就会发现，天狼星每天都会提早4分钟到达这个指定位置，而整整一年后，天狼星又会在同一时刻出现在与一年前完全相同的位置。年复一年，周而复始。

如果你把所有星星在一个夜晚走过的路径连接起来，就会发现它们整体绕着北极星旋转，而这颗北极星似乎永远处在同一个位置，一年四季从不变化。人们把这些每年同一时刻都处在同一个位置的星星称为"恒星"。

图 2-1　美丽的星轨照片（内蒙古鄂托克旗　华佳俊拍摄并合成）

但是，天上还有5颗很特别的星星（至少能轻易地发现其中的4颗）。虽然它们只是星星中的九牛一毛，但是你却能很容易发现它们，因为它们是天空中最亮的那几颗。这 5 颗星星每天晚上在天空中的位置都是不同的，而且亮度也会发生变化。人类一定是很早很早就注意到了这五颗星星，中国人根据传统的"五行学说"把它们称为：金星、木星、水星、火星、土星，而西方人则把它们叫作：Venus（爱神维纳斯）、Jupiter（众神之王朱庇特）、Mercury（信使神墨丘利）、Mars（战神马尔斯）、Saturn（农业神萨图恩）。

这 5 颗星星在天上的运动变化真可以用"神出鬼没"来形容，它们时而出现在早上，时而出现在傍晚；有时候朝这个方向运动，有时候又朝着完全相反的方向运动。有些星星会整夜整夜地消失很多天，然后又突然冒出来，它们的出没似乎完全没有规律可循，尤其是这 5 颗星星互相之间排列成的图形，那就更是千变万化了，没有一个晚上会重复，也没有任何一年的任何一天会重复（这些千变万化的图形是占星家们有饭吃的保障，如果每天的图形都一样，占星家很可能就要集体失业了）。这 5 颗星星相对于满天的繁星来说，就好像是 5 个会行走的异类，因此，人们把这 5 颗星星称为"行星"。

太阳、月亮、"五大行星"、恒星构成了望远镜发明之前的全部可见宇宙，在人类文明诞生的前 4700 多年中，这 4 种天体几乎就是占星家们的全部家当[1]。在古代，占星家就是天文学家，他们之间没有区别。这些天体为什么会呈现这样的变化规律，又该如何精确地预测它们在天空中的位置，这些问题让一大批古代先哲痴迷不已，他们争先恐后地提出自己的观点，各种学说争奇斗艳，蔚为壮观。

1　除此之外，还有偶然出现的扫帚星（彗星）、客星（超新星）、流星等不常见天体。

首先登场的是毕达哥拉斯学派，"掌门"毕达哥拉斯的观点是这样的：

宇宙的中心是球形的地球；地球外面被一圈球形的天空包裹着；天空的外面是一圈被称为"和谐"的球。在这个"和谐球"里面，距离地球由近及远运行着"五大行星"、月亮、太阳，再外面一圈就是"天界"，恒星在里面运行，"天界"之外就是一圈永不熄灭的天火，所有的这些天体都围绕着地球做着匀速圆周运动。

然而毕达哥拉斯的一个学生菲洛劳斯（Philolaus，约前470—前385）却提出了异议："先生，您的这个观点从数学上来说，还是不够和谐。是您亲口教导我们，宇宙中的万物规律必然在数学上是和谐完美的。"

毕达哥拉斯有点不高兴，反问道："那你说说看，怎么就不和谐了呢？"

菲洛劳斯谦卑地说："先生，我们来数一下，地球、月亮、太阳、金、木、水、火、土、恒星，一共是9个天体，对不对？但是'9'这个数字明显是不对的。我记得您教过我们，这个世界上只有1、3、6、10才是神圣的四重数，因为这些数字刚好能组成一个完美的等边三角形。因此，我认为天体的数量一定是10个，而不是9个。"

毕达哥拉斯呆了一呆，有点儿小尴尬，不得不附和说："说得对，说得对，我怎么忘了这茬儿！呵呵，老师看来的确是年纪大了。"

菲洛劳斯："我的观点是，必然还有一个天体存在，只是我们看不到它，因为它始终处于地球反面的位置，我把它称为'反地球'，加上了这个天体，宇宙就和谐了。谢谢大家，我的发言完了。"

下面掌声一片，菲洛劳斯的观点得到毕达哥拉斯学生们的广泛支持。

然而，过了没多久，有一个叫作柏拉图（Plato，约前427—前347）的年轻人提出了疑问：

"如果所有的天体都是绕着地球做匀速圆周运动，那么为什么'五大行星'会时而顺行时而逆行，甚至有时候会一连好几天都待在天上的同一个位置不动呢？"这个柏拉图就是日后那个大名鼎鼎的唯心主义的代表人物，亚里士多德的老师。

毕达哥拉斯的追随者们都沉默了，其实他们心中也早就有这样的疑问，只是碍于面子，不好意思提出罢了。

柏拉图继续说："我提出这个疑问并不代表我反对毕达哥拉斯的观点，我也认为地球毫无疑问是宇宙的中心，天体绕着我们做着匀速圆周运动。但是，这些奇怪的现象又是客观存在的，它的背后一定存在着某些我们还没发现但又符合宇宙和谐规律的原因，需要我们这一代人去'拯救现象'。"

"拯救现象"是天文学史上一个很著名的词。在古代天文学的研究中，观测到的现象与当时的理论不相符是常有的事，因此每每出现一个不符合理论预期的现象，就需要被"拯救"一番。在2000多年里，人类中的那些才俊就是不断地在拯救各种各样的现象。

柏拉图的这席话被他的一个叫作欧多克斯（Eudoxus of Cnidus，前408—前355）的学生默默地记下了，他开始潜心研究导师留下的这道难题。为了解决"五大行星"的乱动问题，欧多克斯天天食不知味，夜不能寐，一心扑在这个难解之谜上。

终于，欧多克斯没有辜负导师的期望，他想出了一个绝妙的"同心球"理论，成功地解释了"五大行星"的反常运动现象。这绝对是一个天才的构想，按照今天的标准来看，欧多克斯智商应该在170以上，参加奥数比赛拿金牌肯定没问题。欧多克斯的理论说起来有点费劲，大家要有点耐心。

首先，恒星位于一个极大的天球上，这个天球绕着地轴旋转着，这样就造成了恒星的运动。然后，太阳、月亮、"五大行星"的运动则是若干套同心球体系的匀速圆周运动的组合结果。欧多克斯拿火星举例，火星就是典型的时而逆行、时而顺行的行星。欧多克斯说，火星其实是被4个透明的同心球带着运动，这4个同心球一个套一个，最外面那个球是绕着地轴运动的。火星被这个球带着运动，在我们看来就是每天晚上东升西落，但是火星的运动还会被其他3个同心球的运动带动，毫无疑问，它们都做着完美和谐的匀速圆周运动。但每个同心球的自转轴都不一样，自转的方向和速度也不一样，只要适当选取各个自转轴的取向和各个球的旋转速度，就可以使这些运动的组合与火星"奇怪"的运动轨迹相符合。

我为什么说欧多克斯能得奥数比赛的金牌，因为他的这个方案需要非常精深的几何知识，而且巧妙到令人窒息，还不会错。我们用现代数学可以证明：任一曲线运动都可以用多个圆周运动的叠加来表示。如果发现行星的运动用4个同心球叠加不够，就可以继续增加，从理论上来说只要同心球数量足够多，再复杂的运动曲线也能模拟。

欧多克斯最后给"五大行星"分别套了4个同心球，太阳和月亮套了3个，再加上最外面的恒星天球，一共就是27个。后来，人们果然发现球不够用了，于是欧多克斯的后继者们就继续增加同心球的数量，越加越多。最后，经过大师级人物亚里士多德的改进和完善，同心球理论达到了它的巅峰。亚里士多德为这个改进后的理论起了个更加动听的名称：水晶球模型。这套理论模型在很长的一段时间内雄霸江湖，无人匹敌。

就这样，欧多克斯拯救了毕达哥拉斯和柏拉图的理论，使这套理论的信徒越来越多，成了当时古希腊天文学的主导学说。我们应当看到，欧多克斯是值得赞扬的，他的理论是人类天文学发展史上的一座里程碑。

因为在他之前，毕达哥拉斯、柏拉图他们对宇宙的思考都基本上停留在思辨的阶段，而欧多克斯则第一个开始用几何学的思想和理论来真实地模拟天体的运动。正因为有了这个方法，人类才有胆量去预测天体的位置，天文学因此逐渐开始有了脱离哲学和占星术的原动力。

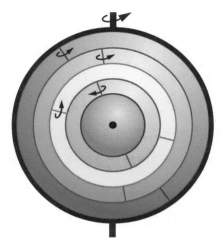

图 2-2 "同心球"理论示意图

当然，离真正脱离还有将近 20 个世纪的漫漫长路要走，但这毕竟是一个开端。在欧多克斯之前，"五大行星"组成的图形是来自神的启示，人类只能在看到之后战战兢兢地去揣测神的意图，占星家也因此能成为一个高薪的职业（不过风险也很高，弄不好要掉脑袋）。

在欧多克斯之后，人类理性的小火苗正式蹿了起来，摇曳在风中，虽然摇摇晃晃，看上去随时会熄灭，但已经没有什么力量能阻止它的燃烧了。

然而，不管是欧多克斯的"同心球"理论，还是亚里士多德的"水晶球"理论，都存在着一个致命的漏洞，这个漏洞存在了将近一个世纪都没有人指出。这就好像美女脸上的一个小痘痘，因为脸型实在太完美了，谁都不忍心把这个小瑕疵放大了仔细看，谁也不愿意去破坏这个美女在人们心目中的完美形象，直到一个叫作阿波罗尼（Apollonius of Perga，约前262—约前190）的古希腊数学家兼天文学家残忍地把它指了出来。

古代天文学之大成

　　早在阿波罗尼之前，人们就注意到"五大行星"不仅运动的方向经常发生变化，它们的亮度也会发生变化。阿波罗尼第一个指出，这个亮度变化是"同心球"理论的致命漏洞。按照"同心球"理论，"五大行星"与地球的距离是永远不变的。并且根据毕达哥拉斯学派的宇宙数字和谐的思想，这"五大行星"与地球的距离也应该符合简单的整数比的关系。但是，如果"五大行星"与地球的距离不变，那么为什么它们的亮度会发生变化呢？根据当时人们普遍相信的理论解释，"五大行星"发光是反射"天火"发出的光芒，因此它们的亮度只跟距离有关。即便是亮度要发生变化，也应该是同时发生变化，而不应当是各自发生变化。

　　这的确是"同心球"理论无法解释的一个现象，这个存在了将近一个世纪的理论遇到空前危机。不过，解铃还须系铃人，提出质疑的是阿波罗尼，解决问题的还是阿波罗尼。他是个数学奇才，他创造性地在"同心球"理论的基本框架下面又提出了另外一个模型，完美地解决了行星亮度变化的问题。阿波罗尼是这样解释他的理论的：

"各位，同心球也好，水晶球也好，其实都不对，行星的运动并不是被好多个互相嵌套的球带着跑。"

"不是球那是什么？"

"是轮子！"

"轮子？"

"对，就是轮子。当然，我指的轮子是一个虚拟的轮子，行星运动的轨迹是一个个的轮子。首先，每个行星本身都绕着一个中心点做匀速圆周运动，这个运动的轨迹形成的轮子我称之为'本轮'；而本轮的中心点又绕着地球做着匀速圆周运动，这个中心点的运动轨迹形成的轮子我称之为'均轮'，请看下面这张示意图。"

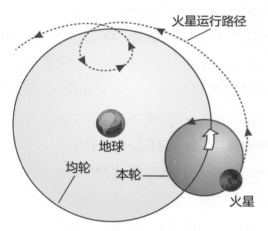

图 3-1 "本轮、均轮"示意图

"看到了吗？从地球望过去，行星就会做时而顺行时而逆行的运动，并且我们还可以从该图中看出，行星到地球的距离也是在不断地变化着，这就是行星的亮度也在不断变化的原因。"

阿波罗尼说完得意地一笑，他是有资本发出得意的笑声的，因为阿波罗尼的思想整整超前了400多年。在此后的400多年中，与阿波罗尼具备同样思想的天文学家并不多，"本轮、均轮"理论也和"同心球"理论长期并存，并且一直处于下风。这种局面终于在4个多世纪之后发生了彻底改变，这是因为又一个天才的出现。他是天文学界公认的古代天文学的教父级人物，也是第一个能够正确预报日食、月食以及行星排列图形的天文学家，能做到这一点，在当时的人类看来，就是有着近乎上帝的能力。在他死后的整整15个世纪中，天文学的所有标准教科书都在教授他的理论，他就是克罗狄斯·托勒密（Claudius Ptolemaeus，约90—168）。

托勒密的出生地在今天的希腊境内，他深受古希腊文明的熏陶，精通古希腊人发展出来的天文学、数学、哲学、物理等学科。他本人是罗马帝国的公民，生活在亚历山大城。托勒密一生痴迷天文学，并且是真正的实干派，醉心于天文观测，在他的观测室中摆满了别人或者他自己发明的各种天文观测仪器。每到晴朗的夜晚，托勒密总是聚精会神地观测"五大行星"的运动，认真测量并记录各种数据。除了观测，托勒密对前人的理论也是如数家珍。但是，他对天体运动的观测越深入，就越是对前人的理论感到不满。他有一种迫切的使命感，觉得非常有必要总结前人的所有理论，然后再结合自己的实际观测数据，完成一部空前的天文学著作。

托勒密首要思考的一个问题是：日月星辰每天都要东升西落，这是所有天体的共同规律，造成这个现象的数学原理到底是什么？托勒密遍查所有的典籍，按照最"正统"的理论解释，原因是所有的天体都在一个每天转一圈的"同心球"或者"本轮"上。他也查到前人的一些不同见解，尤其是一个叫作阿利斯塔克（Aristarchus of Samos，约前310—前230）的古希腊天文学家、数学家的大胆观点引起了托勒密的特别注意。

阿利斯塔克认为，日月星辰之所以会每天东升西落，原因很简单，那就是我们的大地，也就是"地球"每天都要自转一周。从我们的角度看过去，就变成了日月星辰每天绕着我们转了一周。然而，阿利斯塔克却提不出什么证据来佐证他的这个观点。之所以会有这样的观点，完全是出于一种数学考虑，他认为用地球自转来解释日月星辰的视运动是最简单和谐的。

托勒密是从阿基米德（Archimedes，前287—前212）的著作中读到阿利斯塔克这个观点的，托勒密深为所动。因为托勒密也深受毕达哥拉斯学派的影响，对数学也有着一种洁癖，深以为宇宙就应该符合简单和谐的数学美。然而，托勒密很快就否定了"地球自转"这个可笑的想法，他是这么说服自己的：

"如果脚下的大地一直是在转动的话，那么天上的云彩为啥不会集体向西飘去呢？我向上扔起一块石子，它总是会落回我的手上，如果我是随着大地一起转动的话，那么抛出去的石子在落回来的时候，肯定要往西偏一个角度了。可是，经过无数次极为细致的观察，这种现象并不存在。虽然从数学上来说，地球自转是最简单的解释，但从物理法则上是完全说不通的。"

很遗憾，托勒密最终果断地抛弃了地球自转的想法，重新回到了所谓"正统"的观点上。在当时的年代，托勒密的思考完全是合乎逻辑的，他无法想象，假如地球自转，抛出去的石子怎么会落回原地？这是一种非常朴素自然的观点。我想再次强调的是，古人的智商一点也不比我们低。今天每个人都知道地球在自转，但都是从课本上学来的，并不是出于自己的独立思考。其实大多数人的运动观与托勒密是相同的。比如，你不妨思考一下这个问题：我们经常听说从中国坐飞机到美国和从美国飞回中国需要的时间不同，那么造成这个现象的原因是什么？如果有人这么回答：因为地球在自转啊，如果迎着地球自转的方向飞，当然会早一点到达目的地，反过来自然要晚一点到达。如果有人对这个回答频频点头的话，那么我会很遗憾地告诉他：你完全错了，你依然没有摆脱托勒密时代的运动观。如果把他放到 2000 年前的古代，他也必定可以从抛起来的石子落回原地这个现象上得出地球绝不可能自转的结论。

飞机从地球上起飞的那一刻起，实际上已经带着与地球自转速度相同的初速度，不管是顺着地球自转的方向飞还是反过来，它与地球的相对速度都是一样的。真实的情况是，坐飞机往返中美花费的时间和上面那个听上去合理的地球自转的解释刚好相反，迎着地球自转方向飞反而要花更多的时间，因为真正影响飞行时间的原因其实是大气环流对飞行速度的影响。

一直到托勒密死后 1500 年，才诞生了一位叫作伽利略（Galileo Galilei，1564 — 1642）的伟大科学家，是他揭示出抛上天空的石头依然落回原地的物理规律，那是一个了不起的发现。本书的后面会大篇幅介绍伽利略，现在你仍然需要点耐心，继续听我讲托勒密的故事，人类的发现之旅远比你想象的更艰辛。

托勒密在认真思考和总结了前人的思想后，画出了一个基本的宇宙图像。

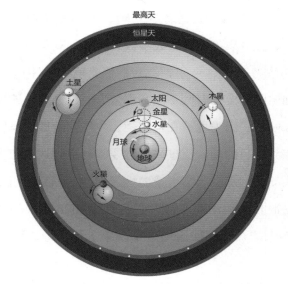

图 3-2　托勒密的宇宙图像

在这幅图像中，托勒密阐述了他的基本宇宙观：

1.球形的地球在宇宙的中心，静止不动。

2.月亮和"五大行星"在本轮和均轮上做着运动。

3.太阳只有均轮没有本轮。

4.水星和金星的本轮中心始终位于日地连线上，该连线一年中绕地球转一圈。

5.火星、木星、土星到它们各自本轮中心的直线总是与日地连线平行，这三颗行星每年绕各自的本轮中心转一圈。

6.恒星天每天绕地球转一周。

7.日月和"五大行星"除了各自的本轮、均轮运动外，还会跟着恒星天一起绕地球转一周。

其实，画一幅宇宙的图像并不是什么真正了不起的事情，在托勒密之前，不知道有多少人画过各种各样的宇宙图像。只要愿意，是个人就可以拿起树枝在地上画一个他心目中的宇宙图像，并阐述自己的理由。人人都可以用哲学思辨的方式思考宇宙的图像，然而普通人只能停留在思辨上，在科学史上，由纯思辨带来的科学发现极为罕见。这是因为，除了哲学思辨，我们更需要的是数学计算和观测实证。托勒密的伟大之处就在于他不是仅仅停留在哲学思辨上，而是根据自己的天文观测为每个本轮、均轮都详细设计了大小、角度和速度值，并且以此来计算预测天体的位置。如果自己的预测和实际观测到的现象不相符，他就会修正各种参数或者增加本轮的数量。随着计算和观测的深入，本轮的数量越加越多，到后来，本轮的总数已经增加到了 80 个之多。然而，即便是有了 80 多个本轮，羊皮纸都已经被画得没法看了，天体位置的预测仍然有着不小的误差，托勒密为此头痛不已。

转机来自一次偶然的发现。这一天，托勒密徜徉在浩瀚的古籍中，他打开一本已经残破不堪的古籍，发现其中记载了一位叫作喜帕恰斯（Hipparchus，约前 190—前 125）的天文学家的生平。这位天文学家通过长期不懈的天文观测，发现了很多让现代人都惊叹不已的天文学现象。比如，他通过各地对日食的观察记录（不同的地方月亮对太阳的遮挡程度不同，有的地方是全食，有的地方是偏食），计算出地球到月亮的距离是 59 ~ 67 个地球半径，这与我们今天知道的 60 个地球半径已经非常非常接近，那可是在 2100 多年前啊！而真正引起托勒密注意的是喜帕恰斯的另一项重大发现：四季持续的天数不均匀。

按照正统的观点，太阳绕着地球运动的轨迹是一个正圆，那么一年四季应当是完全均分的。喜帕恰斯对春分、夏至、秋分、冬至的时间点都做了精确的观测记录，这些时间点其实就是太阳在天空中视位置仰角来回摆动的变更点。例如你仔细观察一棵树的影子长短在一年中的变化，就会发现每天同一时间影子的长短是不一样的，从夏至到冬至，从冬至到夏至，总是逐渐变长再逐渐变短。而由至长点变短、由至短点变长的那个时刻正是冬、夏季节变化的分界点。或者你详细记录每天太阳升起的不同时间，也可以找到季节变化的临界点。喜帕恰斯发现，秋天最短，是 88.125 天，冬天是 90.125 天，春天最长，是 94.5 天，夏天是 92.5 天。为什么会有这种现象呢？喜帕恰斯指出，这是因为地球不在太阳圆周运动的中心点上，而是在一个偏心的位置上。

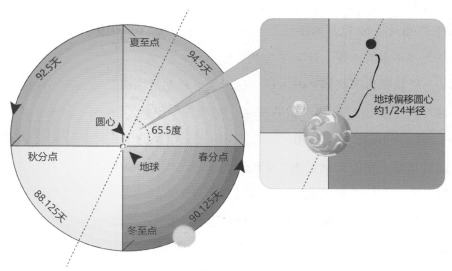

图 3-3　喜帕恰斯指出地球处在偏心的位置

真是一语点醒梦中人，托勒密看到喜帕恰斯的这个发现后，犹如醍醐灌顶。他立即修正了自己的宇宙模型，把地球的位置从正中心挪开一点点，放到了一个偏心的位置上。做出这个小小的改变之后，奇迹出现了，计算值和观测记录的相符合程度大大地增加了，天体的一切运动似乎都回到了"合理"的范围内。在这个新模型中，托勒密对天体预测的精度大大增加，他为此兴奋得手舞足蹈，终于可以动笔写书了。

在公元 2 世纪中叶，托勒密的晚年，耗费了他一生心血的鸿篇巨著《天文学大成》终于完成。这是一部里程碑式的天文学著作，总共十三卷。第一卷，基本内容概述；第二卷，预备知识；第三卷，太阳运动；第四卷，月亮运动；第五卷，测定和推算月地距离和日地距离；第六卷，日月食计算；第七、八卷，岁差、恒星星表；第九至第十三卷，"五大行星"的运动。这部天文学巨著是人类历史上第一部系统阐述天文学的著作，它是集古代天文学之大成之作，在此后的 1500 年中，它将成为无人敢于挑战的成熟理论，同时也成为天文学的教科书。一本教科书 1500 年不改版，如果不是另外一部神作《几何原本》的存在，我就可以说它是空前绝后的了。这是人类历史上第一部系统性的天文学著作，也是人类文明的丰碑之一。

虽然我们现在都知道，托勒密的宇宙观已经被修正了，然而，这在当时依然是人类智慧的伟大胜利。用托勒密的理论可以相当准确地预报日食和月食，误差时间在一小时以内，也可以基本预报"五大行星"的运动位置，误差时间只在几天之内。

从毕达哥拉斯到托勒密，至此，古代天文学的发展基本上就画上了句号，柏拉图提出的"拯救现象"这一世纪难题也基本上得到了解决。

我知道，此时你心里很有可能在想一个问题：那我们中国人呢？中国人创造了那么灿烂辉煌的中华文明，在这几千年中，中国人又是如何思考宇宙的呢？

四

中国古代天文学思想

中国古人在对天象的观测和历法的制定上起步很早，早在战国时期的魏国，就出现了一位名叫石申的天文学家，他与楚人甘德测定并精密记录下的黄道附近恒星的位置及其与北极的距离，是世界上最古老的恒星表。他还系统地观察和记录了"五大行星"的出没规律。到了元朝，郭守敬和另外几位天文学家制定出了当时世界上最先进的一种历法——《授时历》。

在月球背面有些环形山是以我国古代对天文探索做出贡献的人的名字命名的，它们分别是石申环形山、张衡环形山、祖冲之环形山、郭守敬环形山和万户环形山。不过，天象的观测和历法只是天文学很小的一部分，并没有深入揭示天体运行的本质规律。

什么是历法呢？从本质上说，历法就是我们人类对太阳、月亮详细观测记录的大综合，越是精确的历法，越能体现历法制定者对天体运动位置的观测精度。在这一点上，古代中国人无疑是走在世界最前列的。

古代中国拥有世界上最成建制的天象观测机构，并且对负责人有着极为严苛的要求，如果耽误了天象观测的记录，最严重的甚至会被砍头。因此，历朝历代都极为重视天象记录，中国人的天文观测记录是世界上最详细、最整齐、最规范的，没有之一。按道理，中国人没有理由不率先认识到太阳系的真相，遗憾的是，一直到明清时期，在中国的知识分子中，最主流的思想依然认为天圆地平，依然认为所有天体都绕着地球转。

在古代中国，主要流行三种关于天地结构的思想，分别是盖天说、宣夜说和浑天说。现在我来简单地介绍一下这三种思想。

盖天说认为天圆地方，也就是"天圆如张盖，地方如棋局"，这也是最早的有关天地结构的文字记录，最符合人们的视觉体验，与全世界人民最初的想法都是一样的。

宣夜说解释起来稍微麻烦一点，这个派别认为：天就是由无尽的气组成的，日月星辰全都飘浮在无边无垠的气体中。但是我查遍资料，也没查到宣夜说怎么描述天地关系以及大地的形状，权且认为宣夜说不太关心地，只关心天。

浑天说则是中国古代流传最广、影响也最深的一种天地观，代表人物之一是张衡，他在《浑天仪注》中这样写道："浑天如鸡子，地如蛋中黄，孤居于内，天大而地小。"

有很多人误以为张衡的这句话表明他已经认识到大地是圆形的，实际上在学术界这种误解是不存在的。比如，南京大学出版社出版的《图解天文学史》第63页写道："还须指出，中国古代在天地结构图像上，盖天说和浑天说两派都没有明确认识到地球是球形的。"

另外一本由中国科学技术出版社出版的学术专著《中国古代天文学思想》，作者在第132页中写道："从张衡以后到元代以前很长的年代中，几乎没有人明确从张衡的上述比喻引出地是圆球体的结论，张衡自己大约也不曾将鸡蛋黄形状直接作为地形的比喻，因为他仅是说'地如蛋中黄'，而不是说'地形如蛋中黄'。"在这本学术专著中，作者详细地把张衡以及所有浑天学派的文字记载列出，并逐一做出了具体的考证，最后给出了一幅浑天说对天地结构描述的示意图，如下：

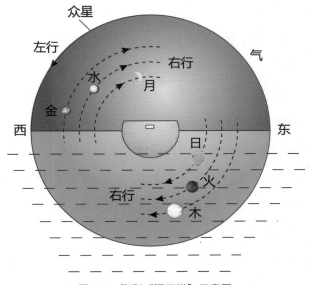

图 4-1　张衡"浑天说"示意图

从这幅图我们可以看到，大地是漂浮在水面上的一个半球形，水面上的部分是平的，水面下的部分是个半球形，日月星辰绕着大地旋转，日月星辰时而挂在天上，时而落入水下。是的，古代中国人确实认为日月星辰都是可以在水中穿梭的。

如果把我们现在已知的天地结构作为标准答案，那么浑天说似乎更接近真相一些。但在我看来，从科学精神的角度而言，这三种学说其实并无高下之分，因为它们都是从最感性的观察体验出发，然后用哲学思辨的方式去研究问题、解决问题。

与古希腊的那些先哲相比，中国的古人没有萌发出几何学的思想，也没有建立最基本的数学模型概念。我们的历法对日食、月食以及五星运动的预测，基本上都是建立在统计规律之上，并非建立在几何学模型之上。因而我们对天体运动的预测误差很大，尤其是在预测五星运动上，基本都不太靠谱。

有读者可能会在网上查到，中国古代对五星的会合周期测算得极为精确。其实，会合周期指的是地球、太阳、行星三者相对位置循环一次的时间，这个只要肯下功夫，测量精确并不难。从技术难度上来说，与测量一年有多长是没区别的，但要预测任意时间点五星在天空中的位置，那可完全不是一个概念了，难度大了不止一个数量级。我知道我这样说又会让不少人心里不舒服了，这不是长他人志气，灭自己威风吗？

说实话，我也跟你一样热爱自己的民族，我也希望中国人能在天文学史上书写下更重要的篇章，但我实在找不到相关的证据啊！我在网上找到过一些文章，那些文章把中国古人的天文学成就大大地夸赞了一番，但科学精神讲究实证和逻辑，凡事要讲证据、讲逻辑，经得起考证和推敲。

我自己看了一些严肃的出版物，除了前面提到的那两本书外，还有一本陈方正教授的学术专著《继承与叛逆 —— 现代科学为何出现于西方》，基本的结论也大致是差不多的，既承认中国古代的历法和天文观测记录是全世界同期里面最厉害的，但同时也承认，现代天文学的发展基本上跟我们中国人没有什么关系。

如果要正儿八经地讲人类天文学史（注意有一个"学"字，也就是把天文作为一门学科），那只能从古希腊开始，然后讲到文艺复兴时期的欧洲，中间有一些旁支可以延伸到古阿拉伯和古印度，但很难拐到中华文明上来。不过呢，虽然在学科发展史上我们没啥可自豪的，但中国古代的天文观测记录和历法的制定，却对现代天文学的研究有着不小的贡献，很多历史上的特殊天象的记录我们都是独一份。

为什么中国人无法像古希腊人那样发展出以几何学为基础的天文学呢？我认为，究其根本原因，是政治和文化决定了这一切。在皇权主宰下的天朝，一切朝廷机构都是为皇权服务的，天文观测机构当然也不能例外。在中国的传统文化中，天象是人间祸福的启示，皇帝是真命天子，而天象则是"玉帝"（也就是皇帝他老爸）给天子传达的旨意，没有人会怀疑，也没有人敢怀疑这一点。但为啥玉帝给他儿子传达旨意不用明确的文书，而非要用含混不清、可以被任意解读的星星的排列来达到目的，就没有人去深究了。总之，古代中国人相信凡是老祖宗流传下来的东西都是对的（这似乎并不是古人的专利，现在依然有很多人这么想）。

在这样的政治和文化背景下，中国古人自然不需要去思考为什么火星会时而顺行时而逆行这种问题，哪怕火星今天晚上在东边，明天晚上突然跑西边去了，也不太会引起他们的困惑。

很简单，"五大行星"是上天的旨意，它们在任何位置都是由上天决定的，我们要做的只是去认真解读它们的含义，而不是去想为什么。古代中国人的宇宙观非常朴素和恒定，几千年来几乎没有变化：大地是平的，天就像一个穹顶，恒星固定在穹顶上，每天绕大地转一圈。穹顶的上面住着仙界的神仙，月亮是嫦娥的宫殿，太阳也是玉帝造出来给凡人带来光明和温暖的（最早的时候有 10 个，被后羿射了 9 个下来）。

而"五大行星"则是"天象"的基本构成要件，玉帝就用这些星星的位置，还有偶尔放出的一些"信号"，例如扫帚星（彗星）、客星（新星、超新星）、流星等给天子传达旨意。所以，皇帝要专门安排一个机构每天晚上接收旨意，要是胆敢哪一天漏掉了玉帝的旨意，那可是相当严重的渎职。如果因此产生了严重的后果，比如灾荒随之而来，那么这个天文记录官就要被砍头。因此，你想想就明白了，在这样的背景下，天朝的天文官员怎么可能还会去思考柏拉图、托勒密们思考的东西呢？

再来说说每个中国人一提起古代中国的天文学，脑海中都会冒出的一个词——"浑天仪"。这"浑天仪"到底是干吗用的？科技含量到底高不高？这些问题恐怕大多数人都似懂非懂。

实际上，从来没有一个仪器叫作"浑天仪"，只有叫作"简仪""浑仪""浑象"这样的装置，它们被一些非专业类的书籍统称为"浑天仪"，这些装置都只有一个目的，那就是标明天上恒星的位置。每种装置根据复杂程度和精度的不同取不同的名字。

换句话说，中国古人要给天上所有的"星宿"画一幅"天图"，就得发明一种装置来相对准确地测量出星宿与星宿之间的相对"距离"（准确地说是角度）。我们现在都知道，从地球上看过去，恒星的视运动是由每天绕北极星一圈和每年绕地球一周的运动合成，因此古代中国的这些"浑天仪"装置，最复杂的就是能同时模拟这两种视运动，并且与观测记录基本相符。而所有的"浑天仪"装置都不会去标"五大行星"的位置，因为"五大行星"的位置在所有的历法中，都推不准，更不要说去模拟它们的运动了。

每当皇上提出对历法的质疑时，大臣们基本上都是这样解释的："此皆上天佑德之应，非历法之可测也。"诚恳地说，这个装置的科技含量并不很高，因为恒星之所以称为恒星，就是因为它们几乎是挂在天穹上固定不动的，非常容易模拟它们的视运动。

关于中国人的天文学思想我就蜻蜓点水地讲到这里，我们回到正题上来。

　　托勒密的宇宙模型建立之后，欧洲就进入了黑暗的中世纪，这段黑暗的时期整整持续了 1000 年之久，天文学的发展基本处于停滞状态。托勒密的宇宙模型可以简称为"地心说"，顾名思义，就是说这个宇宙模型的核心观点认为地球是宇宙的中心，日月星辰全部绕着地球转。在长达 15 个世纪的时间里，欧洲所有大学中的天文学教科书就没有变过，一代又一代的教授在讲台上向学生们传授着托勒密的宇宙模型和烦琐的天文计算方法。今天，就算是幼儿园的小朋友都知道，托勒密的"地心说"是错误的，然而地心体系的崩溃绝不是一件轻松和简单的事情。

　　1473 年 2 月 19 日，中国正处于大明王朝成化九年，在波兰的维斯瓦河畔的小城托伦的一个富有的商人家庭中，一名男婴呱呱坠地，正是这名男婴日后敲响了托勒密"地心说"的丧钟，他就是哥白尼（Nicolaus Copernicus，1473 — 1543）。

五
哥白尼单挑托勒密

让我们来到公元 1495 年。22 岁的哥白尼成为意大利博洛尼亚大学的一名在职进修生，他进修的专业是教会法。是的，可能出乎很多人的意料，哥白尼是来自波兰的一名年轻的神父，不过这个心思活跃的小神父却偏偏痴迷于天文学，对自己的主业没什么兴趣。哥白尼的天文学导师是 41 岁的诺瓦拉（Domenico Maria de Novara，1454 — 1504），在当时相当著名，这两个年龄相差 19 岁的人很快成了忘年交。不到两年，哥白尼已经把前人积累的天文学知识全部学完，他开始与老师诺瓦拉一起做天文观测，并热烈讨论学术问题。1497 年 3 月 9 日晚上，这是一个万里无云的晴朗的夜晚，哥白尼和诺瓦拉一起来到郊外，他们并排坐在空旷的草地上，双双举头望明月。

哥白尼兴奋地说："老师，根据我的计算，应该就在今晚，我很期待我的计算结果。"

诺瓦拉淡定地说："没问题的，这两年来你已经尽得我的真传，就计算能力而言，你只会比我高，不会比我低。"

哥白尼不好意思地说:"老师你自谦了。预测今晚的月亮掩金牛座α星（中国人叫毕宿五）的天象并不是太复杂的计算，比起预测木星或者火星的位置来，那简直就不算是计算了。"

根据哥白尼的计算，今晚月亮将在运行的过程中和明亮的金牛座α星发生重合现象，那颗星星会被月亮挡住十几分钟的时间。这种两个天体运行到天空中同一个位置的现象时有发生，对学习天文的人来说，这是绝好的验证自己所学的知识和计算方法是否正确的机会。

图 5-1　夜空中的月亮、金星和毕宿五（金牛座 α 星）

这天晚上，哥白尼预测的天象如期而至，诺瓦拉对哥白尼表示祝贺，但哥白尼似乎并不十分高兴，他看着明亮的月亮，略略不满地说："比我计算的时间晚了一个多小时呢。"

诺瓦拉拍拍哥白尼的肩膀，安慰道："这不是你的错，按目前托勒密的宇宙模型，计算出来的误差只有一个小时可以说已经很完美了。要知道，有时候计算出来的'五大行星'的位置与观测值最多能误差一个月的时间，误差在一两天已经算很好了。造成误差的原因是本轮的直径不够精确，数量也还不够多。"

哥白尼哼了一声，说："现在本轮都已经有 80 多个了，实在多得有点儿夸张了。"

诺瓦拉接口说："之前的天文学家曾经形容托勒密本轮模型是大跳蚤背着小跳蚤，而小跳蚤又背着更小的跳蚤，直至无穷。老实说，我也觉得上帝创造那么多的轮子实在是不怕麻烦！这个模型很难看。"

哥白尼说："老师是不是也在怀疑托勒密模型的正确性呢？"

诺瓦拉缓缓地说："怎么说呢，我只是觉得这个理论不太完美，有很多生硬的地方，但你要我说他错了，我也很难说，毕竟理论还是能够基本准确地预测天象的，今晚不就是最好的例子吗？"

哥白尼："虽然是这样，但我还是有些困惑不得不说出来，你知道我对托勒密模型最大的不满是什么吗？"

诺瓦拉："哦？是什么？你说说看。"

哥白尼："其实这也不仅是我一个人的不满，有不少人也跟我一样。托勒密没有把地球放在宇宙的圆心位置，我对此相当不满。宇宙是上帝创造的，它应当是完美无缺的，上帝是万能的，我真的无法理解为什么上帝要让地球的位置偏离圆心。虽然托勒密的这个创举让计算值与观测值的拟合度大大提高，但是这样一搞，从我们所处的地球上看过去，所有的天体就都不是做着完美的匀速圆周运动了。我认为在这个宇宙中，匀速圆周运动是至高无上的和谐运动，上帝创造出来的宇宙也应该是至高无上的和谐才说得通啊！"

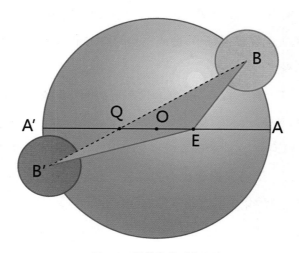

图 5-2　托勒密的对点理论

托勒密独创的对点理论如图 5-2 所示，对点 Q 与地球 E 在均轮中心 O 的两侧对称分布，即 EO=OQ；若 AB 弧和 A′B′弧是行星的本轮中心 B 或 B′在相同时间内转过的角度，从地球 E 处看去，行星的本轮中心 B 沿均轮的运动速度并不均匀，即∠AEB 不等于∠A′EB′，但从对点 Q 处的观测者看来，此本轮中心以匀角速度运转，即∠AQB=∠A′QB′。

诺瓦拉点头表示赞同："是的，你说得很有道理。托勒密的对点理论纯粹是为了修正计算结果与观测值的拟合度而强行施加给地球的，从上帝的角度讲是不通的。"

哥白尼："说到观测值的问题，这个对点理论还有一个很大的毛病。"

诺瓦拉："我知道你指的是什么。月亮的视面积大小问题，对吧？"

哥白尼："没错。按照现在的模型，月亮每个月离我们忽远忽近，视面积变化应当比现在观测到的要大得多才对。"

诺瓦拉："没错，所以说，这个对点理论怎么看都有点不顺眼。"

这天晚上，师生俩就这么热烈地讨论到了天亮，才意犹未尽地回去睡觉。

一个晚上的促膝长谈让年轻的哥白尼暗暗下了一个很大的决心，他要修正天文算法，要让预测天象的准确度大大提高。但是他对谁也没说自己的这个决心，包括他的老师。不过，此时的哥白尼只有决心却没有思路，要挑一个理论的毛病总是很简单，但要提出具体的修正方法却没那么容易。

带着对天文学的极大热情，哥白尼从博洛尼亚大学毕业后，又去了威尼斯的帕多瓦大学进修，主修的虽然是医学，但他学习最多的还是天文学知识。

哥白尼回到波兰时，刚好 30 岁整，正是精力最旺盛、思维最活跃的年龄。他成了波兰弗龙堡教堂的一名神父，正式开始了对天文学孜孜不倦的刻苦钻研。弗龙堡教堂现在已经成为天文学史上的圣地。

我们前面已经讲过，对于托勒密这套古典的天文学理论，不满的天文学家已经很多了，要突破这套旧理论，建立一套新理论，其实关键点并不在于一颗聪明的脑袋，而在于"勇气"和胆量。为什么这么说呢？大家请想一想，托勒密的宇宙模型之所以会搞出那么多的"轮子"来，根本原因在于星星的运动轨迹太复杂，除了一天 24 小时循环一次的东升西落，还有一年循环一次的周年运动，而"五大行星"又有顺行、逆行、留（停着不动）三种奇怪的现象。如果坚持让地球不动的话，那么这些星星的运动必然会被设计成轮子套轮子的超复杂模型。为什么这些古代的高级知识分子都非要坚持地球不动呢？比如日月星辰每天的东升西落，与其解释成所有的天体每天绕着地球转一圈，不如解释成地球自己每天自转一圈，这样不是简洁得多吗？就好像你站在楼顶上看到世界围着你转，却不相信只不过是自己的脑袋转了一圈而已。这么简单的一个道理，古代的那些大知识分子难道会想不到吗？不是的，从模型的角度来说，他们都想得到，但问题在于，如果大地是在转动的话，为什么我们站在地面上的人感受不到呢？比如，我竖直扔起一块石头，为什么不管扔多高，落回来总是在原地？大地如果转动，落下来就应该偏离原地才对嘛！天上的云也不应该一会儿静止，一会儿往这边飘一会儿往那边飘，应该集体朝一个方向远去才对嘛！诸如此类的问题，古人想到很多很多，日常生活中遇到的现象全都不支持大地转动这件"可怕"的事情。

我们再说所有的天体一年一次的周年运动。人类怎么发现"年"这个周期的？模糊的感官是一年四季的循环变化，精确一点的标志则是太阳在天空中的高度变化，或者说是地面物体的影子长度一年一循环的规律变化，因此，"年"这个周期的关键在于太阳。那么，与前面同样的道理，与其让太阳和所有的恒星一年绕地球转一圈，不如让太阳和恒星不动，而让地球一年绕太阳转一圈来得简洁得多。古代那些知识分子难道会想不到？哥白尼之前那么多聪明的天文学家都想不到？不是的，不是他们想不到，而是他们不敢想。为什么？因为《圣经》的绝对权威。

在《旧约·约书亚记》第10章第12节中有这么一段记载——当耶和华将亚摩利人交付以色列人的日子，约书亚就祷告耶和华，在以色列人眼前说："日头啊！你要停在基遍；月亮啊！你要止在亚雅仑谷。"

　　这段经文清清楚楚地记载了上帝的化身耶和华命令太阳暂停一下。换句话说，太阳、月亮原本是绕着地球转动的，才需要被上帝命令暂停一下，如果是地球绕着太阳转，那么上帝就得命令地球暂停一下才对了。那时候的人们对《圣经》的信仰和崇拜是至高无上的，既然《圣经》中都说了是太阳在动，谁还敢不信呢？在中世纪的欧洲，宗教裁判所的权威可是比任何法院都要大得多，甚至可以轻易剥夺一个人的生命。在那种社会环境下，任何与《圣经》相悖的思想都是大逆不道的，别说是写出来，连想都不能去想。《圣经》是中世纪时期天文学发展的最大阻碍。思想和言论一旦有了禁区，科学的进步就会受到阻碍。科学精神中一个很重要的原则，就是怀疑精神，没有绝对的正确，对那些缺乏验证方式的理论尤其警惕，对完全无法验证的理论更是不予理会。

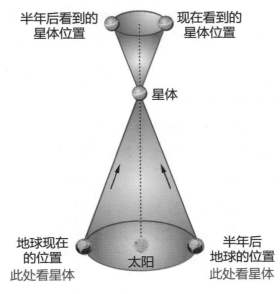

图 5-3　恒星周年视差产生的原理

阻碍天文学家们做出正确模型的除了《圣经》，还有一个很重要的原因，就是当时的人们无法观测到恒星的周年视差现象。

周年视差是指地球如果不是宇宙的中心而是围绕着太阳旋转的话，那么冬天和夏天观测到恒星在天空中的位置应当会有一个视差。

哥白尼是一个神父，要让他突破《圣经》的规则，可以想象这需要多大的勇气！哥白尼跟自己的思想斗争了十多年，直到他41岁时才下定决心，冲破思想的牢笼。在十多年的观测、计算、验证的过程中，他发现想要简化计算，提高预测的精确度，那么让地球自转起来，并且绕着太阳一年转一圈是最佳的办法。于是在他41岁那年，他写了一篇题为《关于天体运行的假说》的要释文章，正式以假说的方式提出了他的观点：

地球不是宇宙的中心，只是月球轨道的中心；太阳位于宇宙中心附近，行星和地球都在绕着太阳转动；恒星都在遥远的、始终静止不动的恒星天上，恒星天离我们的距离比日地距离大得多；地球自转不息，从而造成所有天体的东升西落；地球是一颗普通的行星，它和诸行星都在绕太阳公转，我们所看到的行星在天穹上的顺行和逆行，是地球和各颗行星都在绕太阳公转引起的合成效应。

这篇文章慢慢在圈子里面传了开来，哥白尼也因此变得越来越有名气，不过他也遭到了许多保守人士尤其是宗教界人士的强烈谴责。好在哥白尼一开始就声明这只是一个"假说"，但实际上，哥白尼内心中坚信这就是宇宙的真相。在这之后的30多年中，他一直在撰写那本天文学史上的破天之作《天体运行论》，它是划破黑夜的闪电，将阻挡人类偷窥宇宙秘密的大幕拉开了一角。

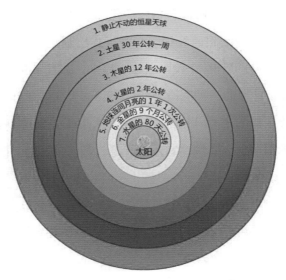

图 5-4 哥白尼"日心说"的总体图像

我给大家简单介绍一下《天体运行论》这本书主要讲了些什么。这本书总共分为六卷，第一卷是全书的总论，它阐述了日心体系的基本观点；在该卷的第十章中，绘出了一幅宇宙总结构的示意图，这幅图清楚地表明了哥白尼"日心说"的基本图像；第二卷应用球面三角，解释了天体在天球上的视运动；第三卷讲太阳视运动的计算方法；第四卷讲月球视运动的计算方法；第五卷和第六卷讲行星视运动的计算方法。

《天体运行论》是一部厚厚的大部头著作，它不是仅仅阐述了一些思想，画了几个模型而已，而是有严格的数学论证和定量计算方法的。也就是说，学通了《天体运行论》，就可以计算天上星星在未来任意一个时刻的位置，精确地预报日食、月食，绝大多数情况下精度都要远远高于托勒密的方法（只有在计算太阳系内的内行星，即水星和金星的运动时，并不比托勒密的方法占优）。这部堪称巨著的伟大之作耗去了哥白尼毕生的心血，等它正式出版的时候，哥白尼已经快70岁了，躺在病床上奄奄一息，但终于还是在闭眼前看到了它的正式出版。当时的编辑替哥白尼写了一篇序言，大意是说："我让地球动起来，并且不在宇宙的中心，只是为了便于数学计算的一种假设，并不是真的，天文学实际上是很荒诞的，为了计算，什么样的胡说八道都出来了，大家千万别傻到认为这就是真实的宇宙。"编辑写这么一篇序言本意是通过教会的审查，如果不这么说，肯定会被教会以违背《圣经》为由禁止出版。哥白尼也看到了这篇序言，但病入膏肓的他也就默认了。长期以来，学界曾一度以为那篇序言是哥白尼自己写的，直到19世纪中叶，哥白尼的手稿在布拉格的一座图书馆中被发现，才还了他一个公道。

图 5-5　后世发现的哥白尼的手稿

《天体运行论》出版以后引起了极大的反响和争议，反对者马上就抛出了两大质疑：第一个还是那个老问题，也就是地球自转怎么不把我们甩出去呢？哥白尼在世的时候，这个问题早就不知被问了多少次了，对此，哥白尼采取的办法是"避而不答"，有点掩耳盗铃的态度，说实话，哥白尼自己也想不通，但他又觉得应该是有合理解释的，只是自己还不够聪明。这个问题一直到哥白尼死后90多年，才由一位奇才替他辩护成功，这是后话，我们后面会详细说。第二个问题就是那个恒星的周年视差问题，哥白尼在书中说，周年视差观测不到不是因为没有，而是恒星离我们实在太遥远了，我们的观测精度太低，觉察不到而已。但反对者又嘲笑哥白尼的这个解释，说这不过是遁词嘛！这个问题还要等300多年才能被一群天文学家搞定，这也是后话了，且听我慢慢道来。

《天体运行论》很快引来了一批拥趸，包括那个著名的后来被活活烧死在罗马鲜花广场的布鲁诺，传说烧死他的原因就是他捍卫哥白尼的"日心说"。其实这并非主要原因，但我们这本书就不展开讨论了。不过呢，很多哥白尼的专业级粉丝发现，《天体运行论》虽然伟大，但也不是完美的，有一些地方还是让人抓狂得很。

自从哥白尼把太阳放到了宇宙的中心，整个天文计算相对于托勒密的方法来说，变得简单了许多，但是，新的模型依然无法避免"本轮"这个极为讨厌的玩意儿，这是为什么呢？因为天体的运动轨迹实测下来，是不均匀的，但是哥白尼却固执地认为宇宙中天体的运动必须是最完美的匀速圆周运动，而且太阳也必须位于圆心的位置，不能有丝毫偏差。为了调和天体视运动和哥白尼恪守的"和谐"准则，他不得不继续采用本轮套本轮的方法，而且他还进一步考虑到了岁差的问题，使本轮的数量又增加了几个。最终，在哥白尼的系统中，所有的轮子（本轮和均轮）

加起来一共是 34 个，比托勒密的模型减少了 50 个轮子，简洁确实简洁了许多，并且计算值与观测值的拟合度也大大地高于旧理论，但 34 个轮子还是不少啊！要计算起来，依然是相当麻烦。

　　随着哥白尼《天体运行论》在天文学圈子中的传播，他的追随者也越来越多，但意识到哥白尼体系中依然存在着不完美、不简洁的专业级粉丝也不在少数。在哥白尼死后 60 多年，一位几乎不用望远镜，也基本不抬头看星星的天文学家、数学家，仅仅用他的纸和笔就解决了哥白尼体系中的缺陷，修正了哥白尼的理论体系，使人类在了解宇宙的真相上大大迈进了一步，后人称他为"天空立法者"。此人真的是太牛了！他的名字叫作开普勒（Johannes Kepler，1571—1630）。

六
天空立法者开普勒

公元 1601 年深秋的一天，这是哥白尼去世后的第 58 年，30 岁的开普勒正急匆匆地赶往他的老师第谷（Tycho Brahe，1546 — 1601）的家中。据下人来报，第谷突发急病，可能要不行了，他点名要见开普勒，似乎有什么极为重大的事情要交代给开普勒。

55 岁的第谷奄奄一息地躺在床上，脸色蜡黄，眼神迷离，他有一副特别浓密醒目的八字胡，修剪得很有型，鼻梁看上去显得坚硬粗大，泛着金属的色泽，与整张脸似乎不大协调。当看到开普勒终于来到卧榻边时，第谷松了一口气，自己还没咽气，太好了！

开普勒忧虑地问："老师，你怎么了？昨天还好好的，怎么突然一下就……"说着，已经泣不成声。

第谷伸出手摆了一下，示意开普勒别哭，听他说话，开普勒强忍住抽泣，注视着第谷。

第谷缓缓地说道："我这辈子干了不少荒唐的事。"他指了指自己的鼻子，努力装出笑容，"但总算也做了一些有意义的事，此生算是没有虚度。"

开普勒使劲点了点头："老师，你已经为天文学做出了巨大的贡献，毫无疑问你是这个时代最杰出的天文学家。"

第谷摆手示意开普勒停住，听他说话。

"我此生最大的遗憾就是没有完成我的行星运动理论，托勒密和哥白尼都错了，我才是对的，只是我恐怕来不及完成所有的公式了。开普勒，只有你能继承我的事业，完成我的理论，那些我视若生命的观测数据现在全都交给你了。原谅我过去一直不肯给你看这些资料，我的心胸太狭隘了，我怕你抢先完成正确的行星运动理论啊！因为我知道你的天赋比我好多了，数学能力更是无人能及。我坚信，这批宝贵的、独一无二的资料交到你的手里，你一定能用它们创造出奇迹来。"

听到这里，开普勒又惊又喜。他师从第谷这两年多来，一直无法看到所有的资料，老师总是像挤牙膏一样地一点点给，还专门让自己立下绝不泄密的字据，可见第谷是多么珍视自己的这批数据资料。现在他居然要把所有资料全部留给自己，这让开普勒激动不已。

开普勒眼含泪水，点头答应："老师您放心吧，我一定完成您的遗愿。"

那天晚上，第谷安详地离开了人世，他把自己毕生心血凝结成的几大麻袋资料都交给了开普勒。那么，第谷到底是什么人？他的资料又为何如此珍贵呢？

第谷出生于一个丹麦的贵族家庭，从小就不愁吃不愁穿。他很小就迷上了天文学，到 30 岁时，已经成为丹麦王国中名气最大的天文学家。恰好当时的丹麦国王也是一个天文迷，他赐给第谷一座岛，叫汶岛（如今该岛在瑞典境内），并且拨了一大笔钱给第谷。第谷用这笔钱在汶岛上

图 6-1　整面墙就是一个象限仪

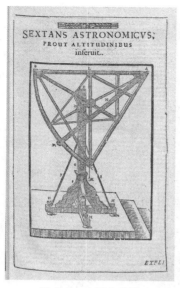

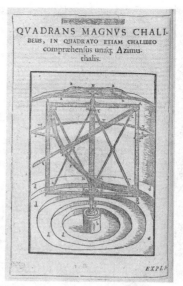

图 6-2 大型六分仪 　　　　　图 6-3 大型象限仪

造了两座豪华雄伟的天文台，一座叫天堡，一座叫星堡，并且雇用了40
多个助手。第谷是一个天文测量仪器的设计制造大师，他设计并制造了
一批可能是当时世界上最大、最先进的天文测量仪器。

　　第谷这个人性格偏执，脾气古怪。他年轻的时候，因为跟人争论谁
是世界上最好的数学家，居然去决斗，结果命是没丢，鼻子却丢了，整
个被削掉，于是他给自己做了一个金属假鼻子贴在脸上，倒也几可乱真。
正是这样一个偏执狂才能在小岛上一住就是21年，要不是国王驾崩，他
失去了经济来源，估计会终生在岛上观测星星。第谷的鼻子不好，但是
视力却出奇的好。那个年代，望远镜还没有被发明出来，所有的观测都
是用裸眼进行的，这在今天看来，简直不可思议。根据后人的研究，第
谷测得的天体位置误差已经小于2角秒，这几乎是肉眼观测所能达到的

Uraniborg main building. Copper etching from Blaeu's Atlas Major, 1663.

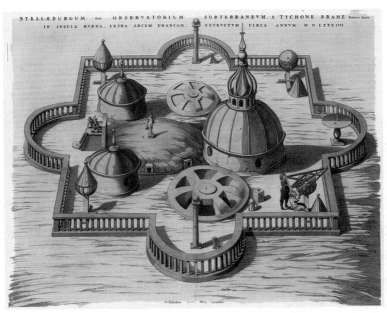

图 6-4 天堡与星堡

精度极限。21 年如一日的观测，让第谷拥有当时世上最齐全、精度最高、时间跨度最长的恒星和行星观测数据，第谷将它们视为生命。然而一个人有所长，就有所短，第谷是观测上的巨人，却是理论计算上的矮子，他对数据的敏感度很差，数学能力也很一般。他不喜欢哥白尼的学说，因为哥白尼把地球说成一颗普通的行星，从感情上来说，他无论如何也接受不了。而且他觉得托勒密的学说太丑了，弄出那么多的轮子，计算值还与观测值差别那么大，在第谷这样一个观测大师眼里，也是绝不能容忍的。那怎么办呢？第谷冥思苦想，终于想出了一套自己的理论，那就是地球是宇宙的中心这条不动，"五大行星"绕着太阳转，太阳又带着这"五大行星"绕着地球转，这哥们儿把托勒密和哥白尼的理论折中了一下，凑出了自己的理论，亏他想得出，还对此深信不疑！

但问题是，模型是凑出来了，接下去的数学定量论证却怎么也搞不定。后来机缘巧合认识了开普勒，第谷马上意识到这个年轻人是数学奇才，能补自己的短，于是认了开普勒这个学生。其实明面上是学生，私下里第谷把开普勒当作自己的救星，他希望开普勒帮助自己完成艰深复杂的数学论证。

第谷不知道的是，开普勒其实是哥白尼的忠实拥护者，只是碍于面子，他从来没有告诉过自己。现在，第谷过世了，开普勒得到了那批珍贵的数据资料，宝剑终于到了英雄的手里，奇迹就要发生了。

开普勒是典型的苦孩子出身，家境贫寒，但如同大多数文艺作品中的励志故事一样，穷苦的开普勒一路靠着奖学金念到大学毕业。他是个数学奇才，脑子非常好使。与哥白尼颇有相似之处的是，他大学的专业是神学，却痴迷于天文学。不过，上帝似乎有意刁难这个苦孩子，喜爱天文的他居然视力极为糟糕，而且年龄越大越糟糕，所以，高度近视的

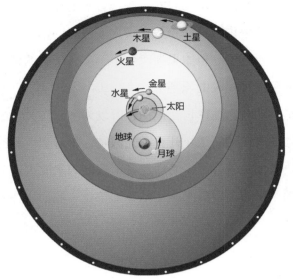

图 6-5　第谷的宇宙模型

开普勒与天文观测基本无缘了。但恰恰是这个弱点成就了开普勒的传奇，正因为他无须整夜整夜地趴在楼顶上看星星（其实不是不想，确实是心有余而力不足），使他获得了整夜整夜趴在书桌上算来算去的时间。别人用眼睛来研究天上的星星，开普勒却只需要别人的观测记录，再加上纸和笔，就足够了。

当开普勒拿到老师第谷的宝贵资料时，刚好30岁整。接下来的8年，他全力以赴地投入到对火星的研究中。其间第谷的女婿跑出来抢跑了第谷的资料，开普勒又设法要了回来，来回这么折腾了几年，开普勒的热情始终没有减退。他夜以继日地画啊，算啊，终于在1609年迎来了首次突破，行星运动规律的秘密被开普勒揭示出来，人类得以第一次真正意义上窥视到宇宙的奥义。

接下去这段我会用图文的方式讲解开普勒的思考和计算过程，可能会有点儿枯燥，如果你对几何和数学没太多好感的话，我建议你直接跳过下面这部分，不要紧。但如果你对数学不那么厌恶的话，也可以看一下，你会感受到那种揭秘的乐趣。

由于火星运动时，地球也在运动，所以为了求得火星的运行轨道，必须先确定地球的运动轨道。开普勒先假定，相对于地球而言，地球和火星的运行轨道都是偏心圆，然后在各个相继到来的火星年，也就是当火星每年回到原来的位置时来确定地球的位置。我们用图 6-6 来说明开普勒的计算过程。

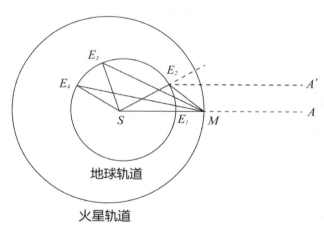

图 6-6　由火星观测资料定出地球的轨道

火星 M，地球 E_1，太阳 S 在一条直线上，此时从地球 E_1 看火星 M 时的星空位置为 A。一个火星年后，火星重新回到 M 点，地球来到 E_2 点，在三角形 E_2SM 中，$\angle SE_2M$ 是经过一个火星年后从地球看太阳和火星间的张角，它可以由第谷留下的观测资料定出。$\angle E_2SM=180°$ —

∠ SE₂A′，此处 E₂A′ 与 MA 相平行，它交于天穹上的同一点，所以 ∠ SE₂A′ 乃是经过一个火星年后从地球看太阳和星空位置 A 之间的张角，它也可以由第谷的观测资料定出。这样∠ E₂SM 也就能求出。于是，若以基线 SM 为长度单位，从三角形 E₂SM 便可以求得 SE₂。两个火星年后，地球到了 E₃ 处；三个火星年后地球到了 E₄ 处……用上述类似的方法同样可以求出 SE₃、SE₄……于是他定出了地球的偏心圆轨道。

确定地球的轨道后，开普勒又进一步考虑地球在轨道上的运动速度有何变化。他恢复了托勒密首创而被哥白尼否定的均衡点概念，但他引入均衡点仅仅作为一种数学技巧，而且太阳与均衡点相对于地球圆轨道中心的距离不再相等。如图 6-7 所示。

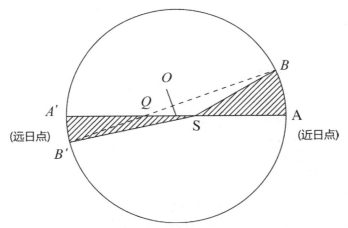

图 6-7　在地球绕太阳轨道是偏心圆的假定下，开普勒推出面积定律

若地球在以 O 为中心的圆轨道上运动，S 为太阳，Q 为均衡点，AB 弧和 A′B′ 弧分别为相同时间里地球在轨道上近日点附近和远日点附

近所走过的弧段。按照均衡点的定义，∠AQB=∠A′QB′，因此，显然∠ASB大于∠A′SB′，但它们之间有什么定量关系呢？开普勒根据第谷留下的大量观测资料来凑算，最后获得的结果是图中扇形ASB和扇形A′SB′的面积应该相等。这一结果可以表达为：在相同的时间里，地球到太阳的连线扫过的面积相等。这一结论的推广便是行星运动的第二定律，或称为面积定律。

就这样，开普勒发现了行星运动的奥秘，在1609年，他出版了《新天文学》一书。8年的艰辛求索，最后凝结成两个简洁无比的定律：

开普勒第一定律

行星绕日运行轨道是一个椭圆，太阳位于其中的一个焦点上。

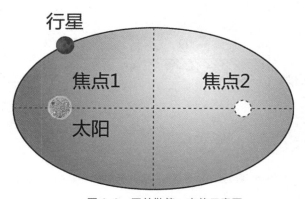

图6-8　开普勒第一定律示意图

开普勒第二定律

在相同的时间内，行星到太阳的连线扫过的面积相等。

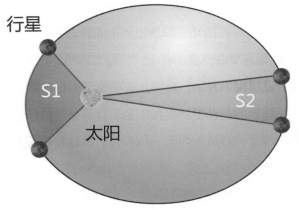

图 6-9　开普勒第二定律示意图

无论用什么样的词汇来赞美开普勒的这两个伟大发现都不为过，这是人类第一次触摸到了"上帝"的意志。开普勒以一人之力，首次揭示出行星与太阳之间如此隐秘的数学联系，他当然可以称得上人类的英雄。

有了开普勒的这两个定律之后，仅仅只需要用 7 个椭圆（金、木、水、火、土、地球、月亮的运动轨道）就足以取代哥白尼的 34 个轮子，并且计算起来不但简洁明了，精度也进一步提高，这才是真正的宇宙和谐之美啊。

此时的开普勒刚刚年满 38 岁，正当壮年，他当然不会就此停止探索的脚步。他在 20 多岁时，就坚信行星到太阳的距离之间一定存在某种神秘的联系，上帝肯定不会随意摆放它们的位置。他当时有一个奇思妙想，觉得世界上只有五种正多面体（正四面体、正六面体、正八面体、正十二面体和正二十面体），而天上刚好也只有五颗行星，这必然不是巧合，上帝一定是按照正多面体的方式来挨个安排"五大行星"的位置。当然，开普勒很快就抛弃了这种硬凑的想法，但是他依然坚信行星的位置有规律可循，绝不是随意的。于是他又踏上了新的求索之路，这一走就是整整10年。

开普勒是学术上的幸运儿，却是生活中的苦命人，在38岁到48岁的这10年间，悲剧屡屡降临到他的身上。先是工作单位总是发不出工资，然后又丢了工作，家里揭不开锅，接着儿子和妻子相继病逝，完了又是被迫迁徙、再婚。一连串的生活变故接踵而至，让开普勒疲于奔命，但他心中那团天文学的热情之火却从未熄灭。一有时间，他就会拿起纸笔，开始演算。在经历了不计其数的失败之后，皇天终于不负有心人，1619年，行星运动的第三个定律被开普勒奇迹般地发现。说它是奇迹，在我看来一点儿都不夸张，因为第一和第二定律看上去并不怎么惊世骇俗，还是比较直观的，但这个第三定律却不一样，它的内容足以让人大为惊诧。我真是忍不住惊叹，开普勒到底是怎么发现它的？从成千上万的数据中找出这样的一个规律，除了需要勤奋，绝对还需要一些神奇的第六感之类的天赋。让我们来看看第三定律的内容：

行星绕太阳公转周期的平方与轨道椭圆半长轴的立方成正比。（注意，这里面的公转周期是一个时间单位，而半长轴则是一个距离单位。）

再讲得通俗一点，就是行星绕太阳转一圈的时间各不相同，有长有短，但是这些时间之间的数值比例与它们到太阳的距离有映射关系。这些关系式中有平方的，有立方的，并不直观，但居然就被开普勒给发现了。我觉得这实在是太牛了，越想越觉得不可思议。有人可能要问：这第三定律有什么用呢？或许聪明的读者已经发现，对于预测天象来说，有第一、第二定律就已经足够了，这第三定律能干吗呢？大有用处！它能计算出行星离我们有多远。我们来举个例子，现在假设地球到太阳的平均距离是一个天文单位，用 1AU 来表示，我们又知道地球绕太阳一周是一年，现在，通过观测火星的位置，我们可以得出火星绕太阳一圈需要 687 天，不到 2 年，但为了便于打比方，我们权当就是 2 年吧。那么根据开普勒第三定律，火星公转周期的平方与地球公转周期的平方之比，等于两星到太阳距离的立方之比。假设火星到太阳的距离是 x，那么方程式就很简单了：$\frac{1^2}{2^2}=\frac{1^3}{x^3}$。于是，我们可以得到 $x^3=4$，接着可以算出 $x=\sqrt[3]{4}\approx1.59$（AU），结果就是火星到太阳的距离是地球到太阳距离的约 1.59 倍。用同样的方法，"五大行星"到太阳的距离就全都可以知道了。再进一步知道这些距离后，当时的人们就认为可以估算宇宙的大小了。你想，连宇宙的大小都可能推算出来，那这个用处已经大到不能再大。不过呢，你可能看出来了，这里面还需要一个关键的数据，就是日地距离，也就是 1AU（一个天文单位）到底是多长。如果不知道这个数据，那么一切都白搭。一旦把这个数据搞清楚，那么宇宙就没有秘密了，至少当时的人们是这么认为的。因此，在此后的几百年间，1AU 的值成了天文学第一问题，一代又一代的天文学家为攻破这个问题，呕心沥血，前赴后继，甚至丢掉性命。这是后话，咱们暂且按下不表。

开普勒在 1619 年出版的《天体和谐》一书中正式公布了他的第三定律，他在书中写下这样的文字：大功终于告成了！或许我要等上一个世纪才会有读者，但这有什么关系呢，上帝不也是等了 6000 年才有信仰者吗？

开普勒没料到的是，他很快就有了大批拥护者，毕竟实践是检验真理的唯一标准嘛！开普勒后来用他的三定律演算而编制的《鲁道夫星表》，误差不到 10 角秒，在此后的 150 年中，它都是世界上最好的星表。开普勒之后，哥白尼的"日心说"逐渐正式登上了大学课堂，真理开始冲破教会的权威，在学术圈广为传播。但是追求真理的征程只是刚刚开了个头，依然有两个重要的问题摆在所有理性的人们面前：

图 6-10　鲁道夫星表

第一，太阳是宇宙中心的证据在哪里？从哥白尼到开普勒，他们的理论到底只是一种数学技巧还是客观真相？《圣经》真的错了吗？光是讲道理不行，科学需要的是证据。

第二，为什么行星的轨道是一个椭圆？为什么公转周期与距离有种神秘的数学关系？科学精神驱动着人们继续追问为什么，一层层地追问，永不停止。

两个天才即将相继登场，一个回答了第一个问题，另一个回答了第二个问题。请继续跟着我去一探究竟。

七
伽利略的证明

　　公元 1609 年，这一年在天文发现史上具有非凡意义，在欧洲两处相距 352 千米的城市中，几乎同时各发生了一件意义深远的事：第一件就是我们上章提到的，在奥地利的林茨，38 岁的开普勒出版了《新天文学》一书，正式向世人宣布了行星运动第一和第二定律；第二件发生在意大利的威尼斯，45 岁的伽利略走进一家眼镜铺子，没错，就是这件事对天文学的发展意义深远。

　　眼镜店老板认得这位著名的帕多瓦大学的数学教授，热情地招呼道：

　　"教授，您来配眼镜吗？我肯定给您最大的优惠。"

　　伽利略摇了摇头，说："抱歉，我不是来配眼镜的，是来买镜片的。"

　　老板奇道："不配眼镜，买镜片干吗？哦，明白了，教授是来买放大镜的，我们这儿也有，包您满意。"

　　伽利略一笑，说："我来买一块凸透镜和一块凹透镜。我听说，荷兰人发明了一种很有趣的东西，可以看清肉眼看不到的很远的东西。我琢磨了一番，认为这事很有可能是真的，只要把两块合适的凹凸透镜组合起来，就能办到。"

老板说："是吗？有这么神奇？我这里的镜子您随便挑，如果没有合适的，本店还可以根据您的要求定制，价格公道，童叟无欺。"

伽利略从眼镜店出来时，带着几块精心挑选的透镜，一回到家，他就开始琢磨怎么把它们组合起来。他找来一根长长的圆筒，把两块透镜安置在圆筒的两端，然后不断地调换各种镜片、调整两块镜片的间距。经过一番努力，他成功了，现在，利用这根圆筒，可以让300米外的物体看起来就像在100米远的地方，原本不可能看清的很多细节，都清晰可见。自此，伽利略制成了世界上第一架放大倍数为3的望远镜，经过一番改进，又制成了8倍的望远镜。伽利略极为聪明地把这架望远镜献给了威尼斯议会，那些议员爬上楼顶，在伽利略的指导下，果然看到了用肉眼原本看不清的船只，这让议员们大为欣喜，这可不仅仅是个玩具啊！这些议员敏锐地意识到，伽利略的这个发明有很重要的军事价值，为了表彰他，议会决定升任伽利略为终身教授，薪水翻倍，并且鼓励他继续制作更好的望远镜。伽利略名利双收。

当其他人津津乐道于用望远镜看清了多远的一枚银币上的图案，用望远镜看到了多远处窗户里的漂亮姑娘时，伽利略却把望远镜伸向了夜晚的星空。这是人类历史上一次意义非凡的举动，套用一个著名的句式就是：这是伽利略的一个小动作，却是人类的一个大动作。伽利略的这一伸，很快就要掀起天文学界的轩然大波，教会即将被这根小小的圆筒折腾得瑟瑟发抖。

伽利略把望远镜最先对准的是月亮，这很好理解，因为星空中最大、最亮的天体就是月亮。当月亮的圆面通过镜头在伽利略的眼中首次出现时，他惊呆了：用肉眼看上去光滑无瑕的月亮居然是一个"大麻子"，表面布满了坑坑洼洼的圆形坑洞。

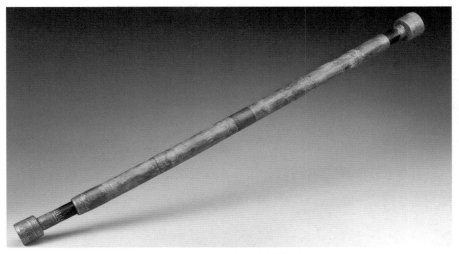

图 7-1 伽利略第一根望远镜的复刻品

"哦，可怜的亚里士多德，"伽利略一边看一边叹道，"他又错了。显然天体不都是完美无缺的，至少月亮就不是。"在对月亮进行了几周的观测后，伽利略又把望远镜对准了木星，这将是一个重要的时刻。

1610 年 1 月 7 日晚，伽利略在他的天文日志中写道：木星附近有三颗肉眼看不到的小星星，两颗在东侧，一颗在西侧，三颗星星恰巧在一条直线上，分毫不差。他随手又画下了这样一张图：

1 月 7 日

东　　··●·　　　西

第二天晚上，他又画了一张图：

1 月 8 日

● ● · · ·

画完以后，伽利略不免觉得有点儿意思，第二天的这三颗星星是不是前一天的那三颗呢？如果是的话，那可有好戏看了，明天晚上接着看，这事有点不简单啊！可没料到，1 月 9 日天空多云，什么星星也看不到，伽利略郁闷了一晚上。好在 1 月 10 日又放晴了。第三幅图是这样的：

1 月 10 日

· · ●

接下去三天是这样的：

1 月 11 日

· · ●

1 月 12 日

· · ● ·

1 月 13 日

● · · ·

1 月 13 日这张图一画出来，伽利略就开始怀疑木星的周围有四颗小星星而不是三颗。他又孜孜不倦地追踪观测了好多天，最终确信，有四颗小星星围绕着木星转动。

伽利略把他的天文观测成果以及望远镜的原理写成了一本书——《星际信使》，很快就出版了，结果在整个欧洲引起了巨大轰动。眼镜商们瞅准了商机，纷纷卖起望远镜，但想买望远镜的人却更多，一时间一镜难求，无数业余天文爱好者和专家学者都拿起望远镜对准月亮和木星进行观测。科学的伟大力量在于，它是可以被重复检验的，而不像那些玄学，宣扬"心诚则灵"，不灵就是心不诚。当伽利略的观测发现被全欧洲的无数天文爱好者证实后，教会开始坐不住了，为什么？因为教会一直以来支持的托勒密学说首次遭遇了反证的尴尬。不是说地球是宇宙的中心，日月星辰都绕着地球转吗？现在，铁证如山，有星星是在绕着木星转，而不是地球，教会该如何面对这个天文发现呢？

伽利略的发现还让另外一个我们熟悉的人激动不已，他就是开普勒。反对"日心说"的人经常抛出的一个质疑是：地球如果绕着太阳转动，那月亮怎么办？月亮岂不是会被地球抛在后面吗？开普勒对此的解释是地球有一种拉住月亮的力量，可以让月亮在绕地球转动的同时也参与地球绕日公转，反对者就嘲笑开普勒是异想天开。现在，伽利略的发现让开普勒扬眉吐气了，他把月亮和木星周围的四颗小星都称为"卫星"，既然木星有能力拉住四个小兄弟绕着太阳转，那么地球当然也就可以拉住月亮了。自己关于行星力量的猜想被伽利略的发现证实，开普勒实在是太高兴了。

木星四颗卫星的发现，让教会很受伤，也埋下了对伽利略仇恨的种子，只是暂时还未向伽利略动手而已。此时的伽利略又把他的望远镜对准了金星，很快，他的发现给托勒密的"地心说"带去了致命一击。

在伽利略的望远镜中，金星不再是一个圆点，而是一个月牙的形状，并且它真的像月亮一样，会出现盈亏变化。这个发现又轰动了整个天文学界，大家纷纷又把望远镜对准了金星。很快，金星的盈亏变化被公认。那么，这种盈亏变化说明了什么问题呢？它能证明什么呢？让我们看一幅图，先了解一下月亮盈亏的原理：

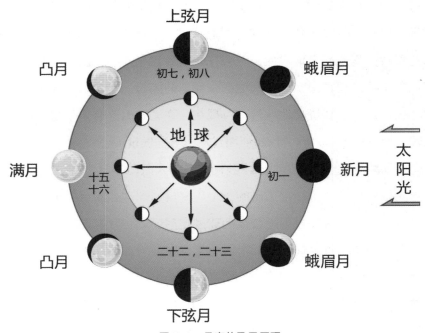

图7-1　月亮的盈亏原理

现在我们拿出托勒密的"地心说"模型：

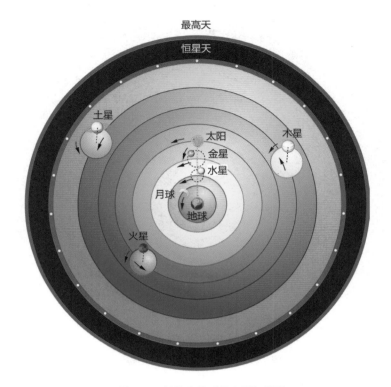

图 7-2 托勒密的 "地心说" 模型

从这个模型中我们可以看到，因为金星的本轮中心始终在日地连线上。换句话说，金星与太阳和地球总是大致位于一条直线上，所以无法解释金星的盈亏现象。

我们再拿出哥白尼的 "日心说" 模型：

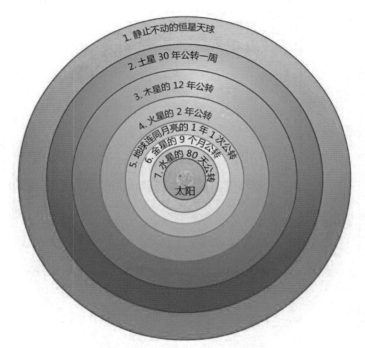

图 7-3 哥白尼的"日心说"模型

　　这幅图就很容易解释金星的盈亏变化，因此，金星的盈亏变化就成了"日心说"最好的佐证。

　　伽利略用他的望远镜无可争议地证实了托勒密的"地心说"是错误的。伽利略作为一个理性的科学家，他当然相信逻辑和证据的力量，于是，他毫不忌讳地四处宣传哥白尼的"日心说"。此时的伽利略，已经是非常知名的大学教授了，因此他的影响力很大，越来越多的人站到了哥白尼的阵营。罗马教廷终于坐不住了，如果任由事态继续发展下去，教会对人们的精神统治将发生动摇，《圣经》是绝对不可以有一字半句的错误的。1616 年 2 月，一个寒冷的冬天，宗教再次压制了科学。罗马教廷宣布：哥白尼的《天体运行论》为禁书，"日心说"的观点统统都是荒谬的，是异端邪说，不许任何人再加以宣扬，否则将被推向宗教裁判所。伽利略首当其冲，成了教会打压的重点对象。在教会的高压下，伽利略不得不退让，他声明停止宣传哥白尼的理论，教会还煞有介事地给伽利略签发了一张证书，证明此人已经放弃异端邪说。罗马教廷的这项禁令一直到300多年后的1992年才被取消，那时人类登上月球已有23年了。

伽利略被教会压制了七年，到了1623年，老教皇驾崩，新教皇上位。这位新教皇乌尔班八世是一个相对开明的人，并且还是伽利略的朋友。伽利略抓住一个机会试探性地建议教皇取消禁令，教皇虽然没答应，但是也不反对伽利略写一本讨论托勒密和哥白尼主要观点的书。当然，教皇要求伽利略要客观，不得贬低托勒密，吹捧哥白尼，尤其不能在书中做出地球在运动的结论。

伽利略得了这个口谕后如获至宝，立即回家开始动笔写书，他已经憋了七年了。然后他用整整五年时间写了一本书，叫《关于托勒密和哥白尼两大世界体系的对话》（以下简称《对话》），把自己半辈子的研究成果在这本书中集中发表出来。这本书在物理学史上非常重要，因为伽利略首次解答了那个困扰了学界两千年的问题：地球如果转动，为什么人们体会不到？从古希腊的先贤一直到哥白尼，都被这个问题折磨得不行。

让我花点时间来讲一下《对话》这本书吧。当我看到北京大学出版社2006年版的《对话》中译本时，不由得大吃一惊，实在没想到这本书这么厚，居然有42万字，我用了整整一周的时间才读完。伽利略真是一位出色的科普作家，对于300多年前出现这样的书，我很吃惊，原来我自鸣得意的种种科普写作手法，比如讲讲俏皮话、打个有趣的比方、编个故事自问自答、调侃等，伽利略早就运用得无比娴熟了。如果把伽利略搁到今天，也在自媒体平台当个主播，开个节目叫《伽利略聊科学》，我打赌他能火。如果把《对话》这本书稍作改编，增加一些时髦的名词，改换一些地名、人名，你绝不会想到这是 300 多年前的古人写的书。难怪《对话》这本书一出版，就卖到脱销，人们争相传阅。

整本书设计了三个人物四天的对话，这三个人物分别象征伽利略自己、托勒密的拥趸和一个中立的小白。这三个人物你来我往，谈了四天的话，相当于分成了四个章节。第一天他们讨论天上的星星是不是永恒不变的；第二天讨论地球到底是不是在自转；第三天讨论地球有没有绕着太阳公转；第四天讨论潮汐是怎么形成的。用现在的眼光来看，除第四天的观点是错误的以外，其他三天的内容即使到了今天也不过时，依然可以作为正经的科普读物来读。其中最为经典的就是第二天的对话内容，伽利略在这里完美地解答了人们对地球自转的所有质疑，他正式描述了著名的伽利略相对性原理：力学规律在惯性系中保持不变。在整个四天的对话中，那个代表托勒密拥趸的家伙显得特别的无知可笑，常常被代表伽利略的那个人物讽刺得如跳梁小丑一般，明明已经理屈词穷了，还非要无理搅三分。

在今天，任何一个有中学文化程度的人都可以理解为啥人们感觉不到大地的转动，那是因为地球上的一切都参与了地球的转动，整个地球就是一个巨大的惯性系，就好像在封闭的船舱中，人们无法知道船是在匀速航行还是静止一样。但是这个道理在当时的人们听来，无疑是振聋发聩的。伽利略的逻辑是如此无懈可击，他为地球自转建立了一个牢固的理论基础，从此，哥白尼的学说站稳了脚跟。

不过，教皇看完了伽利略的《对话》后，龙颜大怒：好个伽利略，把我的忠告都当成了耳旁风，还用我的口谕做挡箭牌，骗过了审查，出版了这么一本大逆不道的彻头彻尾宣扬"日心说"的书！更要命的是教皇受人挑拨，说伽利略书中那个显得特别无知愚蠢的中立的小白影射的是自己，他简直快要气疯了。于是，教皇下令查禁《对话》，把伽利略押解到罗马受审。可见当时的罗马教廷比今天的国际刑警还牛，可以随便跨国抓人。伽利略在罗马宗教裁判法庭受到宣扬异端邪说的指控，如果不认罪就会被判死刑，伽利略的骨头没有布鲁诺硬，他屈服了。我个人非常赞同伽利略的选择，在这种情况下，生命更重要，有了生命，就还能创造更多的知识财富，至于真理，可以交由时间去裁判。结果伽利略被判终生软禁在家里，一直到300多年后的1992年，罗马教廷才替伽利略翻了案，宣布他无罪。

伽利略虽然"认罪服法"了，但是他建立的理论学说却像种子一样，在欧洲的大地上扩散、传播，哥白尼的学说最终成为人类探求客观真理道路上的里程碑。但我们依然在等待另一个天才的出现，是他解开了开普勒心中最后的谜团。

八
牛顿的天体力学

　　在以哥白尼、开普勒、伽利略为首的天文学家的努力下，人类对宇宙的认识终于向着正确的方向迈进了一大步。到了 17 世纪中叶，大多数知识分子的头脑中已经建立起了这样一幅宇宙图像：太阳位于宇宙的中心，地球连同其他五颗行星，在椭圆形的轨道上围绕着太阳转。行星按照距离太阳由近到远依次是：水星、金星、地球、火星、木星、土星。在土星之外极为遥远的地方，还有一个恒星层，所有的恒星都位于这个恒星层中，恒星与太阳的相对位置固定不变。这样的一幅宇宙图像被广大知识分子所接受，支持这幅图像的证据也越来越充分。然而，2000 多年来，却始终有一个基本得不能再基本的问题困扰着人们，这个问题在亚里士多德时代就不断地被平民百姓（也包括很多学者）问及，那就是：如果地球是一个球体，为什么"下面"的人不掉下去呢？所有学者都说不清楚这个问题，解释也是五花八门。亚里士多德曾经一度把这个问题解释得差不多让人信服了，他说：宇宙中的一切物体都有天然趋向宇宙中心运动的趋势，这是宇宙的基本法则。地球是宇宙的中心，所以，抛起来的物体不论被抛多高，最后总要落回地面，人们不论站在地球上什么地方，双脚总是趋向于地心运动，因而牢牢地"站"在地面上。也正因如此，所以地球收缩为一个球体，使得所有地面上的物体到地心的距离最短。这个解释又正好与托勒密提出的地球是宇宙中心的观点互为印证。于是在亚里士多德之后，特别是托勒密之后，人们几乎想通了地球是圆的这个问题。但随着哥白尼的"日心说"越来越被人们接受，这个老问题又被重新提了出来，人们的脑子又开始混乱了。地球是圆的这一点此时已经无人怀疑，因为太多的证据早已经把地球的形状定成了铁案，但问题是，如果亚里士多德是错的，地心不是宇宙的中心，那又该如何解释人可以双脚站在球体上的任何一个位置呢？

在英国的林肯郡伍尔索普村的一个庄园中，有一位 23 岁的青年人坐在苹果树下思索着这个古老的问题。那一年是公元 1665 年，这位青年的名字叫作艾萨克·牛顿（Isaac Newton，1643—1727），这个名字日后将响彻整个世界。毫无疑问，牛顿是一个超级牛人，但是牛顿这个人到底有多牛，大部分人可能认识得尚不够深刻，我忍不住要说几句题外话。据后世学者充分的考据，牛顿是这样分配他一生的时间的：三分之一用来研究《圣经》的年代学，三分之一用来研究炼金术，剩余的三分之一的时间用来顺便研究一下物理、数学、天文等自然科学。你说这叫我们凡人情何以堪啊！

牛顿还是一个怪人，他心胸不广，气量偏小，不爱说话，喜欢记仇。他有一个冤家叫胡克，比牛顿大 8 岁，算是前辈，也是当时英国大师级的科学家，并且掌管着英国皇家学会，但是这两人互相看不顺眼。牛顿有一句流传很广的名言：之所以我比别人看得远，是因为我站在巨人的肩膀上。后人往往引用牛顿的这句话来说明一个人应当谦虚如牛顿，但实际上牛顿讲这句话是为了讽刺长得矮小、驼背的胡克。牛顿所著的《自然哲学的数学原理》第三卷写得特别艰深，明显比前两卷艰深难懂，牛顿解释说是为了让胡克看不懂，"那个老家伙数学不好，还对我的前两卷指手画脚，挑鼻子挑眼的。"牛顿还写了一部专著《光学》，刻意等胡克去世后才发表，以免这个老头又说三道四。瞧瞧，牛顿就是这么一个人，他用自己的一生诠释了"人无完人"这个普遍规律。

有一则几乎人人都知道的故事，是说一个苹果砸到了牛顿的头上，于是他就像禅师一样顿悟了万有引力定律。这个故事挺浪漫，也挺适合当故事讲给孩子听，但它的真实性是没有依据的，听听也就算了，真实的思考过程哪有这么简单呢？苹果一掉，顿悟了，听起来像是禅宗的公案一样。事实上，牛顿思考这个问题用了很长时间，他从思考抛物体的运动作为切入点，是这样做思维实验的：假设自己站在一座高塔顶上，朝前方扔一块石头出去，那么石头会以一个抛物线的轨迹掉落到地上，石头能扔多远取决于石头被扔出时的初速度。牛顿在纸上画下了这样一幅图：

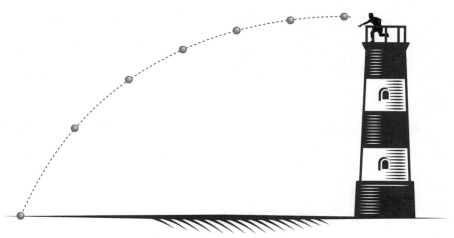

图 8-1　牛顿的万有引力思维实验 1

为什么会是这样的一种运动轨迹呢？牛顿找到了原因：石块同时具备两种运动，一种运动是水平方向的，有一定初速度的匀速直线运动；另一种运动则是垂直下落的加速运动，现在把这两种运动合在一起，就形成了一条抛物线的运动轨迹。

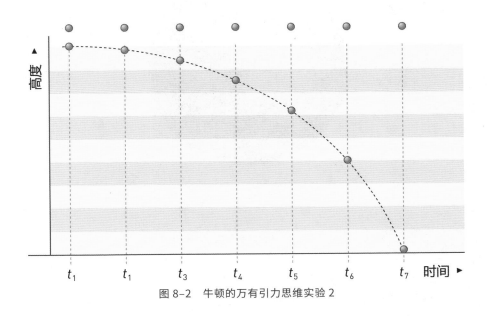

图 8-2　牛顿的万有引力思维实验 2

想到这个程度，并不算很厉害，伽利略也想到过这一层，但牛顿厉害的地方在于他的思考没有停下来，他继续想，如果水平初速度一直不断地增大下去，会发生什么呢？因为地球是圆的，当石块扔得"远"到一定程度，超过了地球的一半周长，那么它岂不是趋向于绕着地球转一圈而回到原地吗？

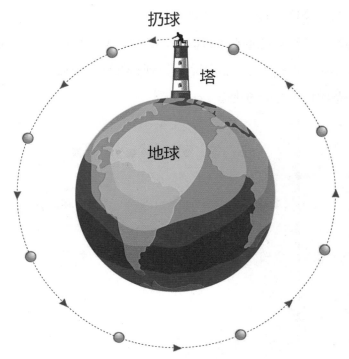

图 8-3　牛顿的万有引力思维实验 3

　　牛顿在他的草稿纸上反复画出草图，列出计算公式，假设着各种初始数据，不停地演算。最终，牛顿的计算结果表明：如果石块的水平初速度超过一个临界值，那么这个石块将会一直绕着地球做匀速圆周运动，停不下来，也不会再掉回地球上。要维持这样的一种运动，石块必须始终受到来自地球的一个很稳定的、均匀不变的而且可以隔空作用的力，这个力指向地球的球心，牛顿把这个力称为"引力"。这就好比你甩动一个链子球，让球在你的头顶上方做着匀速圆周运动，你必须用手拉紧链子，施加一个牵引的力，那么，绕着地球转动的石块也就像是被地球伸出的一根无形的线牵引着。他还进一步用高超的数学技巧推算出，这个引力的大小与石块到地心的距离的平方成反比。

能想到这个份儿上，已经是相当天才的表现了，但为啥还说牛顿是五百年一出的大师级人物呢？就在于他的思考没有停下来，还在继续往下想。之前的那个石块是牛顿思维的创造之物，并不真实存在，而且牛顿也没有这个能力"扔出"这样一块超级石头。但一天晚上，牛顿赫然发现，地球的周围不是正好存在这样一块"石头"吗？它就是头顶上的那一轮明月。想到此处，23 岁的牛顿猛拍脑袋，兴奋得要跳起来了。月亮就是一个被地球的引力牵着的"石块"，它绕着地球做匀速圆周运动，这又恰好解释了为什么月亮不会掉到地球上来，前辈开普勒所说的那个拉住月亮参与绕日公转的力量不就是地球对月亮产生的引力吗？一时间，犹如醍醐灌顶一般，牛顿的眼前豁然开朗，一大堆困扰已久的问题全都迎刃而解。人为什么不会"掉出"地球？很简单，地球的引力指向地心，每个人都被这个引力牢牢"抓"在地表上，双脚指向地心。对，就是这么个道理。

但是，牛顿的思考如果到这里就结束的话，那么，我依然不会承认他是五百年一出的天才，他这颗非凡的大脑还在继续往下思索。月亮绕着地球转是由于地球对月亮的吸引力，那么同样的道理，地球和所有行星绕着太阳转动，说明太阳对所有行星也都有吸引力，木星有四颗卫星，说明木星对卫星也有吸引力。

既然是这样，那么是不是意味着，质量大的天体对质量小的天体会产生吸引力呢？牛顿摇摇头，天体隔着这么远，它们怎么会知道谁大谁小，而且如果是两个质量相同的天体难道就没有吸引力了吗？不、不，引力一定是无关天体质量大小的，它们普遍存在于两个天体之间，准确地说，应当是存在于任意两个物体之间。

牛顿终于发现了这个宇宙中最基本的规律：万有引力。只要是有质量的两个物体，它们之间就有引力存在。引力的大小与两个物体的质量成正比，与物体之间的距离平方成反比，如果用数学公式来表达的话，就是这样：$F=\dfrac{Gm_1m_2}{r^2}$，其中 G 是万有引力常数，它的精确值在 100 多年后的 1798 年由英国科学家卡文迪许测得，当时测定的数值为 6.67×10^{-11} 牛顿·米^2/千克^2，这与现代测定值只相差不到 1%。

万有引力公式是本书出现的第一个也是最后一个公式，它是一把让人类开启宇宙奥秘的钥匙，在天文学上有着不可估量的作用，因此必须把这个公式写出来让读者们熟悉一下。

万有引力的正确性不断被各种实验证实，并且从万有引力公式出发，可以用纯数学的方式推导出许多人类已知的宇宙规律。例如，牛顿以万有引力公式为基础，推导出了行星的公转轨道是一个椭圆，引力中心（也就是太阳）位于椭圆的一个焦点上；同样，开普勒三定律也可以用纯数学的方式推导出来。万有引力还能解释地球上岁差和潮汐的成因，月球对地球的引力导致地轴的摆动和海水的隆起。

牛顿在 44 岁那年，完成了人类自然科学史上的开天辟地之作《自然哲学的数学原理》，简称为《原理》。在书中，除了万有引力定律，牛顿还提出了著名的牛顿运动定律。有了这四个宇宙间的基本定律，一门崭新的学科被创立出来，这就是"天体力学"。天体力学是一门研究宇宙中天体的过去与未来的学科，有了这门学科，我们头顶的星空突然变得不那么神秘，几乎一切可观测到的天文现象，都能够被天文学家用数学的方式准确无误地计算出来。人类不但学会了预知天象，还搞清楚了为什么会这样——开普勒发现了椭圆，而天体力学告诉人们为什么是椭圆。当然，牛顿只是天体力学的理论奠基人，这门学科真正的大发展靠

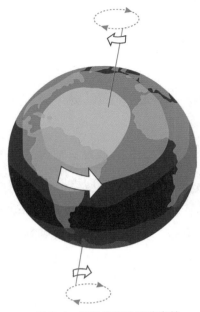

图 8-4　地轴的摆动导致岁差

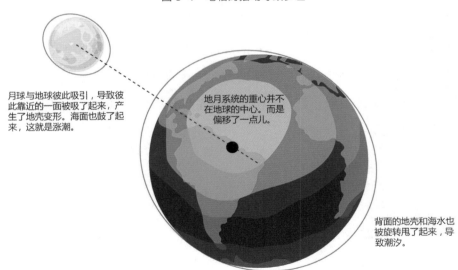

月球与地球彼此吸引，导致彼此靠近的一面被吸了起来，产生了地壳变形。海面也鼓了起来，这就是涨潮。

地月系统的重心并不在地球的中心。而是偏移了一点儿。

背面的地壳和海水也被旋转甩了起来，导致潮汐。

图 8-5　引力对月球与地球的影响（本图忽略了太阳的影响因素，仅考虑月球对地球的引力）

的不是牛顿，而是一大批天文学巨匠，他们为这门学科的发展做出了巨大的贡献，比如拉格朗日、拉普拉斯、高斯等。其中，法国人拉普拉斯的光芒尤为耀眼，他写出了五卷十六册的巨著《天体力学》，也是他第一个明确提出了"天体力学"这个概念，这部巨著总结了当时人类对天体运动研究的全部成果。

这是人类认识宇宙的一次巨大飞跃，请带着这个认识观念上的巨大飞跃，和我一起把目光重新聚焦到我们头顶的星空。"五大行星"连同地球被太阳巨大的引力牵引着转动，构成了一个巨大的系统，在这个系统中，太阳无疑是主宰者。于是，我们可以把所有受到太阳引力而围绕它旋转的一切天体所包括的空间范围，称为太阳系。那些相对于太阳位置不动的恒星所在的地方，就是太阳的引力控制不到的地方，因为恒星离我们实在是太遥远了。

恒星到底离我们有多远？恒星层是否真的恒定不变？天文学家对恒星的好奇一点儿都不亚于对行星的好奇。随着对恒星研究的深入，人们很快发现，恒星带给我们的震撼远远大于我们发现行星运动规律时的震撼。现在，请跟着我，把目光投向太阳系以外的恒星世界，更精彩的大戏就要上演了。

九
恒星不恒

　　天上的星星数也数不清，这是任何一个人站在满天繁星的夜空下都会产生的第一个直观感受。我们在本书的一开始就讲到，星星虽然如此多，但人们很容易就能发现，如此多的星星中，仅仅有五颗星星与其他的星星明显不同。这五颗星星就是"五大行星"，之所以叫"行星"，就是说它们在天空中的位置会"行动"。除这五颗星星外，其余成千上万颗星星全都叫"恒星"。但是，所谓的"恒"并不是说它们在天空中的绝对位置恒定不动，而是说它们之间的相对位置是"恒定"的。所有的恒星有两种整体运动，用肉眼观察就可以发现。其中一种运动是每天都绕着北天极旋转的周日运动。人们后来明白这是由地球的自转引起的，其实，恒星并没有绕着地球北天极旋转。

　　另一种运动是恒星每年周期性地绕着黄道带转动的周年运动。人们后来明白这是由地球的绕日公转引起的，恒星本身也没有动过。如果排除这两种视运动，那么恒星确实是恒定不动的。从亚里士多德以后近2000年中，人们认为恒星不但是位置固定不动，连它们的数量也是恒定不变的，都一

图 9-1　内蒙古通湖草原（华佳俊摄　由 132 张照片合成）

个萝卜一个坑地嵌在恒星圈层上，所有的人都对此深信不疑。但是这个观念，在 1572 年开始发生了改变。那年发生的一个奇特天象，使欧洲的天文学界开始意识到，恒星未必就真是一成不变的。

公元 1572 年 11 月 11 日，中国明朝的万历皇帝刚登基不满四个月。突然，夜空中出现了一颗以前从未见过的星星，这颗星星很大、很亮，史书这么记载："有客星出于阁道旁，其大如盏，光芒烛地。"万历皇帝和满朝文武都看到了这颗星星。当时的内阁首辅，正是大名鼎鼎的张居正，他看到此天文奇观后，马上就得出结论，说这是天将要降灾的警告。按照张先生的教导，年轻的万历皇帝赶紧检讨自己的思想、语言和行为，加以改正，以期消除天灾。这次"星变"延续了将近两年之久，皇帝的"修省"也就相应地历时两年，并且在今后相当长的时间里，他不得不注意节俭，勤勉诚恳地处理政务和待人接物，力求通过自己的努力化凶为吉。这是中国皇家对待这次天象的态度，而在民间，似乎没有人在意这个奇特的天象，至少没有找到什么文字记载。

可是在欧洲，这颗突然在夜晚冒出来的新星被开普勒的老师第谷看到，他立即被这颗星星吸引住了。在此后的一年多里，这颗"新星"的亮度逐步减弱，直到 1574 年 3 月末，才彻底从人们肉眼能看到的范围内消失。第谷在这一年多里对这颗星星做了详尽的观测记录，还专门写了一篇论文，题目叫《论新星》，发表在欧洲的天文学界期刊上。于是，这颗星星被后世的天文学家称为"第谷超新星"。同样一个天象，在中国和欧洲引起的反应截然不同。

"第谷超新星"的出现让欧洲的天文学家们开始明白，所谓的恒星至少在数量上不是恒定不变的。那么，恒星是不是真的在相对位置上也是固定不变的呢？从第谷开始的很多天文学家都在思考并试图验证这个经典观念。可惜过了 100 多年，也没有天文学家能观测到恒星的移动。

第一个发现恒星相对位置变化的人是哈雷（Edmond Halley，1656 — 1742），这个名字我相信很多读者都耳熟能详，他与牛顿是同时代的科学家，也是牛顿的好友。哈雷的一生做了许多值得纪念的事情，例如他发明了第一台潜水钟；通过对死亡率的数学统计研究，第一个提出了人寿保险的数学模型；出钱替牛顿出版了《自然哲学的数学原理》一书，这是哈雷最引以为傲的事情。然而他唯独没有做那件后人都以为是他做的事：发现哈雷彗星。实际的情况是，牛顿有一次给了哈雷 24 颗彗星的资料，让哈雷分析一下规律。结果哈雷用牛顿的万有引力定律一算，发现这 24 颗彗星中有 3 颗是同一颗彗星的 3 次记录。这颗彗星每 76 年回归 1 次，下一次回归是 1758 年，哈雷得活到 102 岁才能等到，可惜他只活到了 86 岁。哈雷在他的《彗星天文学概论》中写道：如果孩子们在 1758 年又看到这颗彗星，别忘了是我计算出来并预言的。于是，在哈雷死后的第 16 年，这颗早就被发现、观测、记录过的彗星被命名为"哈雷彗星"。

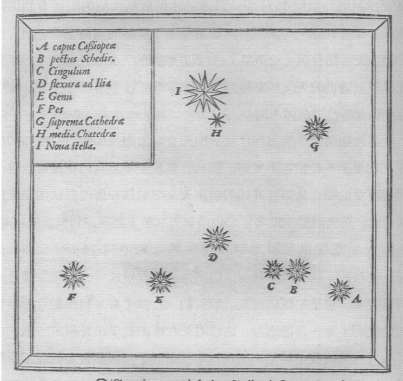

图 9-2　第谷的手稿（I 代表那颗超新星）

1717 年，61 岁的哈雷发表了一篇论文，他指出：经过对托勒密时期的星表与现代最新的星表的仔细比较发现，1700 多年来，天狼星、大角星、南河三这 3 颗恒星的位置肯定发生了变化，并且绝不是由观测误差引起的。这 3 颗恒星都属于全天中最亮的几颗星星，也是离地球相对最近恒星中的几颗。这篇论文一出，犹如一颗炸雷，在天文学界激起极大反响。

几千年来，恒星恒定不动是一种根深蒂固的认知，它代表的是宇宙的完美、上帝的伟大。大批的天文学家开始研究对比不同时期的星表，结果，事实毫不留情地粉碎了上帝创造的永恒：恒星确实在动，这被天文学家们称为"自行"。

哈雷的这一项发现极大地激励了另一群年复一年、孜孜不倦地测量恒星精确位置的人，这群人致力于解决"哥白尼体系最后的悬念"。各位还记得吗？开普勒、伽利略、牛顿这些猛将的出现，使得针对哥白尼"日心说"的一个个质疑都被成功地解决掉了。但有一个最基本的质疑始终悬而未决，那就是为什么观测不到恒星的周年视差？让我们再来回顾一下这个问题：

如果哥白尼是对的，那么这个周年视差就必定存在，可是却从没有人观测到，这就是"哥白尼体系的最后悬案"。

200 多年来，不知道有多少执着的天文学家折戟在这个问题上，辛劳一生却竹篮打水一场空。英国人布拉德雷（James Bradley，1693—1762）也是这样一位执着无比的天文学家，并且可能是所有对这个问题痴迷的天文学家中最执着的一位，是他的死磕精神终于为这个悬案带来了突破。

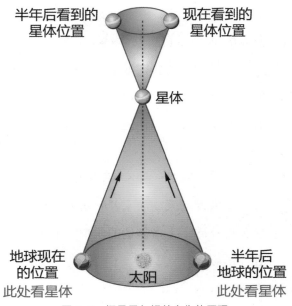

半年后看到的
星体位置

现在看到的
星体位置

星体

地球现在
的位置
此处看星体

太阳

半年后
地球的位置
此处看星体

图 9-3　恒星周年视差产生的原理

　　1727 年的一个冬日夜晚，布拉德雷走进一座位于伦敦郊外的小房子，这是他的私人天文台，一架特制的望远镜从房子的天窗伸向夜空。这架望远镜长达 5 米多，垂直于地面，镜筒直指天顶，固定得纹丝不动。它的目镜上装了当时最先进的螺旋测微器，也称作千分尺。螺旋测微器不但可以用来测量物体的长度，如果安装在天文望远镜上，稍作改进，也可以极为精确地测量恒星的视位置。

　　这天晚上，布拉德雷稳稳地坐在观测椅上，耐心地等待一颗又一颗恒星通过望远镜的视场，然后准确地读出测微器上的读数，并记录在本子上。这项枯燥的工作，布拉德雷已经做了一年，他长期追踪着天龙座 γ 星等几颗恒星，用来记录的数据本已经有了厚厚的一沓。大量的数据表明，恒星在视场中的位置确实存在着周期性的摆动，但布拉德雷却高兴不起来，因为这个摆动与周年视差不是一回事，这种摆动有几个特点：

凡是他观测到的恒星，全都有这种摆动。

振幅大约是 40 角秒，也全都一样。

振幅的瞬时大小随地球在轨道上运行的方向而变化。

布拉德雷对这一现象百思不得其解，他一度怀疑仪器出了问题，但又找不到问题出在哪里。事情的转机出现在布拉德雷一次坐船旅行的途中，船在泰晤士河上航行，他一直盯着船的风向标，看到风向标会随着船的转向而转向，他马上意识到，其实风向标的绝对指向并未改变，因为风向并未改变，改变的只是风向标相对于船体的方向，即风速与船速合成的结果。于是，布拉德雷顿悟到，地球就是一艘绕日航行的船，来自恒星的光线就是风，地球公转的方向改变会导致恒星在视场内的位置偏转。就这样，布拉德雷发现了天文测量上的一个极为重要的概念：光行差。

为了让你更好地理解光行差的原理，我还要再举一个例子帮助你理解。设想一下，你在雨中奔跑，会感觉雨滴是倾斜着打到你的脸上的，你跑得越快，倾斜的角度越大，而你停下来时，则发现雨滴其实是垂直下落的。这个例子说明，观测者与被观测对象做相对运动时，观测到的方向会产生变化，方向变化的幅度与两个对象各自运动速度之比相关。地球绕日公转的速度只是光速的万分之一，所以，光行差效应引起的光线偏转角只有 20 角秒。这么小的偏转，在螺旋测微器发明之前，是不可能被发现的。

自从发现了光行差之后，布拉德雷信心倍增，他认为恒星视差的幅度一定是因为小于光行差所造成的振幅，所以恒星的周年视差"淹没"在了光行差里面。现在，他只要把光行差造成的摆动影响作为一项数据的基本修正值，就一定能让真正的周年视差现象浮出水面。

执着的布拉德雷不断地改进、升级自己的望远镜，年复一年地投入枯燥的恒星定位工作。但这个故事的结局可能会出乎所有人的意料，不是喜剧而是悲剧：布拉德雷持续进行了 20 年的观测，最终发现，自己依然没有发现恒星的周年视差，而是发现和证实了另一个类似于光行差的恒星视位置的基本影响因素，也就是地球的章动。解释一下，地球由于受到月球引力的影响，自转轴有一个 18.6 年的周期摆动，这个摆动的幅度是 9 ~ 10 角秒，这就是地球章动。恒星的周年视差再一次被"淹没"在地球的章动中。布拉德雷此时已经是一位 54 岁的老人了（那个时代人的平均寿命和现在不好比），他不再有年轻时那么旺盛的精力和良好的视力，终其一生，依然没有发现恒星的周年视差。布拉德雷就像一位悲情英雄，为后人栽下了树，自己却没有乘到凉。好在光行差和章动这两项发现，已足以让他名垂青史。更重要的是，如果没有布拉德雷发现的光行差和章动，德国人贝塞尔就不可能最终完成那个自哥白尼以来一代又一代天文学家的夙愿。

继布拉德雷之后，又有一大批天文学家投入了这场艰苦的恒星视差战役。他们发明了各种各样的望远镜，比如英国的天文学家就发明了一种深井望远镜，就是在深入地下 27 米的井中安装一架长长的垂直于天空的望远镜。各种用于测量角度的精密仪器也被不断地发明出来，除了前面提到的螺旋测微器，还有游丝测微器、量日仪等。虽然测量精度被不断地提高再提高，但恒星视差这块硬骨头却始终啃不下来。

又过了 90 年，德国的职业数学家兼天文学家贝塞尔（Friedrich Wilhelm Bessel，1784 — 1846），终于在 1838 年 12 月跑完了持续 300 多年的接力赛的最后一棒 —— 天鹅座 61 的周年视差被测定为 0.31 角秒

（今测值为 0.294 角秒）。在贝塞尔观测天鹅座 61 的那些年中，德国人斯特鲁维在俄国正盯着织女星，而英国人亨德森在非洲的好望角盯着"三体"星，也就是半人马座 α 星。实际上他们三个人几乎同时正确测出了这几颗星星的周年视差值，谁先谁后还真讲不清楚。只不过贝塞尔最先把他的成果在国际天文学界期刊上发表了出来，因此，这个桂冠就落在了他的头上。

反对哥白尼"日心说"的最后一座堡垒被攻破，至此，延续了 300 多年的托勒密与哥白尼之争终于彻底画上了句号，哥白尼完胜。但顽固的罗马教廷依然要再过 150 年，才肯承认哥白尼是对的。

天鹅座 61 的周年视差一旦被测定，我们就可以用简单的三角学知识计算出它距离地球有多远，但是，在这个计算中需要用到一个我们熟悉的常数：日地距离。这是我们之前提到过的天文学第一问题，它是我们认识宇宙大小的最关键的一把钥匙。请跟我回过头，再去看一下天文学家们在此问题上艰辛的探索之路。

十

天文学第一问题

　　测定日地距离的方法，最容易想到的莫过于三角测量法，也就是测量太阳的视差。比如，在南半球和北半球两座相距很遥远的天文台同时观测太阳，把太阳在天空中的位置精确地测出来，再根据两座天文台的相隔距离计算出日地距离。但这个方法知易行难，讲讲原理简单得不得了，可是限制条件太多，远隔万里的两座天文台要协作，哪有那么容易？并且太阳在望远镜中的视面积很大，测量精确位置本就不易（一个点的坐标好测，一个圆的坐标反而不好测了），所以，用这个方法测量日地距离从来就没有真正成功过。看来，要想把天文学第一问题攻破得换个思路，想出新的招数来。

　　聪明的法国天文学家卡西尼（Giovanni Domenico Cassini，1625—1712）在开普勒发表第三定律的半个世纪后想出了一个办法。他说："第一，不需要两座天文台，一座就够了，因为地球在不停地自转，任何一座天文台，在日出和日落时其实就已经相当于隔了一个地球直径的距离。"这个想法很棒，卡西尼的脑子真好使。他又说："第二，干吗非要去直接测量太阳呢？我们不是已经有了开普勒第三定律了吗？把地球到火星的距离测出来，不就能计算出日地距离了吗？一个简单的方程式而已。测量火星的视差可以这么做：以某颗遥远的恒星为背景，分别在日出和日落时测量火星相对于这颗恒星微小的位移，就能得出火星的视差了。"

卡西尼想到后马上就开始了行动。1672年，他宣布自己通过测量火星的视差计算出了日地距离。在天文学界，日地距离不是用多少千米来表示，而是表示为以地球的赤道直径为基线（也就是三角形的底边）时，太阳的视差角度。卡西尼宣布的结果为9.5角秒（今测值8.7941角秒），已经相当准确了；如果用千米表示的话，卡西尼的结果就是1.6亿千米（今测值为1.496亿千米）。过了几年，一个年轻的天文学家，我们的老朋友哈雷，提出了一个更加绝妙的新思路，震动了整个天文学界，甚至改变了后世的几位天文学家一生的命运。哈雷说，利用金星凌日的罕见天象，就可以测定日地距离。他提出的原理是这样的：

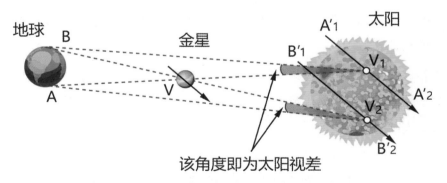

图10-1　利用金星凌日现象计算日地距离的原理图

在图10-1中，当金星（V）凌日的时候，从地球上的A、B两地同时观测，看见它投影在日轮上的V_1、V_2两点，循着$A_1' A_2'$和$B_1' B_2'$

两条平行弦经过日轮。所以由观测求得∠AVB，通过几何计算可推出∠AV$_1$B（或∠AV$_2$B）。如果 AB 弦之长等于地球的直径，则∠AV$_1$B（或∠AV$_2$B）便是太阳的视差。

难怪让天文学界大为佩服，这确实是一个精妙的点子。可惜的是，接下来两次金星凌日的时间分别是 1761 年和 1769 年，哈雷活不到那时了。但天文学界不会忘记这个重要的时刻，在 1761 年来临的时候，一场国际大比拼拉开了序幕。

为了率先解决这个天文学"最崇高的问题"，整个天文学界都在摩拳擦掌，等待着 1761 年金星凌日的到来，简直就像天文学界的奥运会。为了能在比赛中拔得头筹，法国派出了 32 名选手，英国派出了 18 名选手，还有瑞典、俄罗斯、意大利、德国等国家也都派出了参赛选手。很遗憾，当时的中国人恐怕连听也没听说过这个天文学第一问题，自然也不会有人来参赛。这些英勇的天文学家奔赴地球上 100 多个角落（几乎就是一人一个地方），比如俄罗斯的西伯利亚、中国的青藏高原、美国威斯康星州的丛林等。

在这些吃苦耐劳的天文学家身上发生了很多可歌可泣的故事，这中间法国人纪晓姆·勒让蒂（Guillaume Le Gentil，1725—1792）的故事最让人唏嘘感慨，他也因此被称为"史上最悲剧的天文学家"。我给大家讲讲他的故事，也算是一种纪念吧，悲情英雄也是英雄。

勒让蒂从法国出发的时候决心非常大，他做足了物质上的准备，购买了最精良的器材，整整提前一年从法国出发，计划去印度的荒原上观测这次金星凌日。但是他运气很糟糕，由于英法两国正在开战（七年战争），在路上遇到了种种坎坷，1761 年 6 月 6 日发生凌日的那天，倒霉的勒让蒂居然还在海上。这对天文学家来说，恐怕是所有能够想到的最糟糕的观测地点，因为船始终在颠簸，而天文观测需要极端平稳。勒让蒂与这次金星凌日最终无缘。

但是勒让蒂并没有感到太伤心，因为他知道 8 年后金星凌日会再次上演，为了确保这次观测万无一失，他决定住在印度。勒让蒂用了整整 8 年的时间建立了一个一流的观测站，添置了最精良的观测设备，并且不断地做着排练，调试设备，直到对每一个细节都确保满意。

勒让蒂在印度选取的观测地点也是精挑细选，他选的那个地方 6 月份晴天的比例非常高。1769 年的 6 月 4 日终于到来了，勒让蒂在前一天晚上"焚香沐浴"，把所有设备擦得干干净净。你可以想象一下，一个人为了一个时刻整整等待了 8 年，做了 8 年的精心准备，这一夜将是什么样的心情。早上起来的时候，勒让蒂看到了一个完美的艳阳天，他激动坏了，就等着那个神圣时刻的来临。

果然，金星凌日如约而至，可正当金星刚刚开始从太阳的表面通过时，老天爷又开起了玩笑。一朵不大不小的乌云不知从何处飘来，刚好挡住了太阳，勒让蒂简直要疯掉了，他一边焦急地看表一边等待乌云飘走。最后当乌云飘走时，勒让蒂记录下来的时间是 3 小时 14 分 7 秒，这差不多恰好是此次金星凌日的持续时间。

勒让蒂 8 年的努力被一朵乌云完美地化为乌有，悲愤交加的他只好收拾仪器启程回老家。但他的厄运并没有因此结束，他在港口患上了疟疾，一病就是整整一年，卧床不起。一年后他终于登上了一条船回国，可是没想到又遇上了飓风，差点儿失事。当勒让蒂九死一生终于回到法国老家时，已经离家整整 11 年了，但迎接他的不是一个温暖的家和亲属们的热烈拥抱。他早就被亲属们宣布死亡，妻子改嫁，所有财产也被亲属们抢夺一空。

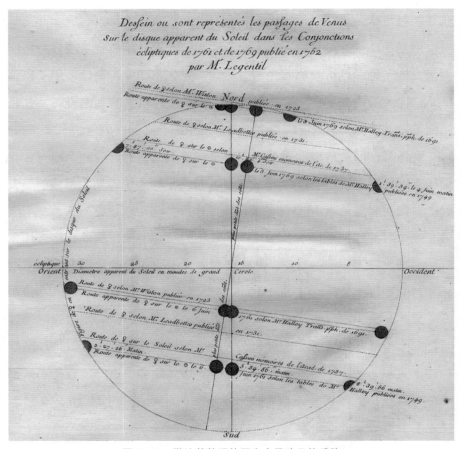

图 10-2　勒让蒂整理的历次金星凌日的手稿

　　这就是史上最悲剧的天文学家勒让蒂的故事，让我们为他默哀三分钟。不管怎样，在我心目中，他依然是伟大的天文学家，他的精神在鼓励着我。

　　除了勒让蒂，其他参赛选手大都满载而归，这次国际大行动的成果是：

天文学家们证实了 1AU=1.33 亿千米。

随着天文学第一问题的解决，太阳系的空间尺度终于初步搞清楚了。让我们来感受一下 18 世纪的人类所知道的太阳系有多大：从地球到太阳是 1.33 亿千米。这是多远呢？当时的人类最快的交通工具是马，最快的马的时速大约是 70 千米，从地球跑到太阳大约需要 224 年，显然这是一个相当遥远的距离。太阳系最外面的一颗行星是土星，地球到土星的距离是 15 亿千米，马要跑 2527 年，这就是当时人们心目中太阳系的大小。那宇宙的大小呢？我们在前文已经说了，恒星视差的测定是在 1840 年，也就是说，在了解了太阳系的大小后，人们只知道恒星肯定是在更远的地方，到底有多远，还要等上 70 多年才能知道。在这 70 多年中，人类又有两个重要的天文发现，太阳系的尺度一下子扩大了十几倍。

十一
失踪的行星

　　对于伦敦西边不远处的小镇巴恩的居民来说，威廉·赫歇尔（Frederick William Herschel，1738 — 1822）是一个很厉害的人物。他白天是小镇乐队的指挥，到了晚上就摇身一变，成为一位神秘的"占星家"。在小镇人的眼里，赫歇尔有点疯狂，他倾尽家产建造了一架硕大无比的望远镜，主镜的口径足足有 1.2 米，粗得像一尊大炮，是小镇上的一大景观。

图 11-1　赫歇尔的大炮望远镜

每天晚上，他和妹妹就像着了魔似的用这尊"大炮"对着天空看，也不知道天空怎么那么好看。1781年3月31日晚上，天空晴朗无云，赫歇尔在"大炮"下痴迷地观测着。突然，他很开心地叫了起来："卡罗琳，我发现了一颗彗星，请帮我记录：双子座方向，视星等6等，暗绿色，观测时间一周，移动幅度1角秒，初步判断为彗星。"第二天，赫歇尔把他的这个发现通报给了英国天文学会。于是，更多的天文学家和爱好者把望远镜对准了双子座的这颗"彗星"，过了没多久，在天文学界的群策群力下，人们开始意识到，这根本不是一颗彗星，而是一颗新的行星。接着，它的距离被计算出来：19.2AU。整个欧洲的天文学界都轰动了，因为太阳系的疆界一下子大了一倍多。这颗新的行星就是天王星，太阳系余地球外的第六颗行星。其实它是一颗肉眼可见的行星，虽然很暗，但是以第谷的眼力，是绝对能看见的。伽利略也看见过它（后人在伽利略的手稿中发现他曾经把天王星误当作木星的卫星），只是由于天王星的公转周期长达84年，因此肉眼很容易把它当作一颗恒星来对待。天王星横空出世后，很快就成为天文学界的新宠，大家争相对它进行观测，精密测定它的轨道。在那个时候，牛顿开创的天体力学已经日臻成熟，人们已经能用数学的方法精确地预测天王星的运行轨道了。然而，让天文学家们大吃一惊的是，天王星的实际运行轨道与计算出来的轨道总是有偏差。天王星不像其他五个兄弟那般循规蹈矩，它总是"出轨"，人们观测到它的位置总是与计算出来的"应该"在的位置有偏差。有一个叫布瓦尔德的天文学家长期观测天王星，在他的本子上，竟然画出了一个又一个不同的椭圆，把他气得差点儿撕光了记录本。他对一个朋友说："谁知道是我们粗心呢？还是有一个神秘力量在影响天王星？"几十年过去后，天王星的轨道已经和最初发现时的轨道相差了足足有2角分之多（120

角秒）。这种规模的偏差是对天文学家的无情嘲讽，总会有人受不了羞辱而跳出来寻找幕后元凶的。

当时人们很困惑，难道万有引力定律在土星外面的宇宙中不成立吗？这不可能，一定有其他原因。人们多数认为，造成这个现象的原因是天王星的外面还有一颗大行星，这颗未知行星的引力导致天王星的运行轨道发生了变化，这种现象在天文学中被称为"摄动"。数学达人们此时有了用武之地，从理论上说，根据现有的观测数据，是可以计算出未知行星的精确位置的，但计算的复杂程度非常高，而且至少需要天王星 10 年以上的运行数据。在没有计算机的年代，要完成这样的计算，是一个庞大到令人不寒而栗的工程。但人类中总是会有那么几个执着的人，越是困难的挑战就越是能激发他们的斗志。海王星的发现是在天王星发现 60 多年之后，差不多经历了两代天文学家。这个故事相当有看头，我要用很大的篇幅来讲述它。

1846 年 9 月 23 日，德国柏林天文台台长伽勒收到一封陌生人的来信，还是从遥远的法国寄来的，发信人叫作勒维耶（Urbain Le Verrier，1811 — 1877）。信中这么写道：尊敬的台长，请在 9 月 23 日晚上，将望远镜对准摩羯座 δ 星之东约 5 度的地方，你就能找到一颗新的行星，它的圆面直径约 3 角秒，每天运动 69 角秒。

伽勒大吃一惊，这简直就像是一封上帝寄来的信啊！连收到的时间都像是精心设计过。于是伽勒和助手们依照这个神启开始了观测，一切都精确得令人难以置信。几天后，伽勒向全世界宣布：那颗影响了天王星的未知行星找到了，它被命名为海王星。

一个月后，当伽勒站到那个寄信人勒维耶面前时，又大大地吃了一惊 —— 居然是一个 30 岁出头的年轻人，还带着羞涩腼腆的笑容。伽勒冲上去给了他一个拥抱，吓了小伙子一大跳。当伽勒问他是如何发现海王星时，勒维耶拿出了厚厚一沓稿纸，说："喏，就是这样啊，我用纸笔计算了好多年。"伽勒在看完小伙子的计算稿后不禁大为叹服，一共是33个联立方程组。要把这堆方程组解出来，确实需要超高的智慧、极大的耐心和坚强的毅力。伽勒几乎用了一辈子在望远镜中寻找海王星，但一直未果，没想到这个年轻人仅仅用纸笔就战胜了自己的设备和经验，以万有引力定律为核心的天体力学真是威力无穷。海王星的发现再次证明了万有引力定律的正确性。但故事到这里并没有结束。

在英国，皇家天文学会的会长艾里在得知了伽勒的发现过程后，悔得肠子都青了，傲慢让他把海王星的发现权拱手让给了法国人。原来，早在一年前，有一个26岁的青年人叫亚当斯，带着他的论文求见了艾里，但是傲慢的艾里没把这个毛头小伙子放在眼里，敷衍了他，论文没怎么仔细看就束之高阁了。现在，艾里想起了这篇论文，马上又把它翻了出来，一看之下真是懊悔不已。原来亚当斯的计算结果与勒维耶几乎一模一样，却在他的眼皮底下被搁置了一年多，哎，这怎么说好呢？不过，勒维耶和伽勒倒是非常谦虚，在得知了亚当斯的论文后，他们主动要求把海王星的发现权让给亚当斯，而亚当斯也谦让。最终，天文学界一致决定，让他们仨共享海王星的发现权，皆大欢喜。

海王星距离地球约30AU，公转周期165年，从发现到现在（2023年）刚刚转了一圈多一点点。太阳系的疆域又扩大了一倍。

此时的人类已经认识到，小小的太阳系的尺度与遥远的恒星世界比起来，根本不值一提。在太阳系中，我们还可以用千米或者AU来表示距离，但是，如果用这个单位来表示恒星到我们的距离，那就显得太小了。比如，离地球最近的恒星半人马座α星，它离我们有多远呢？通过已知的日地距离和测得的半人马座 α 星的周年视差，很容易计算出它离我们的距离是 40 多万亿千米或者是 27 万多 AU，这个数字实在是太庞大了，而这还只是离我们最近的恒星。于是，天文学家找到了另外一个更好的单位——光年，也就是光在一年中走过的距离。这个数字是 9,460,730,472,581 千米，或者等于 63,241AU。用这个单位，半人马座 α 星离我们就只有 4.3 光年了。

4.3 光年又是一个什么样的概念呢？让我来帮助你理解一下。我们坐一架飞机从北京飞到上海，大约需要 2 小时，飞行时速约 1000 千米。如果坐这架民航客机飞去半人马座 α 星，需要多久呢？计算结果是 460 多万年，这数字大得有点超过一般人对数量的理解能力了。我再换个说法，人类目前为止发射到宇宙中最快的飞行器之一，是 1977 年发射的"旅行者 1 号"太空探测器（十年前发射的"新地平线号"目前的速度已经超过了"旅行者 1 号"），经过了几次引力助推后，它现在的飞行速度大约是 17 千米 / 秒，这个速度是子弹飞行速度的 17 倍。如果用它从上海飞到北京，只需要不到 1 分钟，即便飞去月球，也只需要 6.2 小时。就是这么快的一个飞行器，飞到半人马座 α 星，也需要 7.6 万年。注意，这还仅仅是离我们最近的一颗恒星，如果你在理解了这个距离的遥远程度后大吃一惊的话，那么 19 世纪中叶的那些天文学家，在首次意识到恒星离我们有多遥远时，其吃惊的程度只会比你更大。那时候的人们，还只能用马车或者火车要跑多久来帮助理解，你想想是不是会更吃不消那些庞大无比的天文数字呢？天文学家比普通人更吃惊的是：他们明白那些能测出视差的恒星，只不过是离我们最近的一些恒星，真正遥远的恒星离我们有多远，是一件想想都会让人腾云驾雾的事情。人类意识到几千年以来，被我们当作整个宇宙的太阳系只不过是宇宙中一粒小小的微尘，外面的世界其实很大很大。要真正认识宇宙，人类只不过刚刚起步而已。

对太阳系尺度的了解是人类在认识宇宙的征途中迈出的坚实一步。接下来，可能你也猜到了，天文学家们即将征服的下一个尺度是银河系。揭开银河系的奥秘，那又是一个精彩纷呈的故事。

十二

初窥银河

　　每当到了夏末秋初之际，壮观美丽的银河就会出现在我们头顶的星空中。但很多人可能从来都没有看到过，因为现在城市中光污染很严重，晚上的天空黑不下来，肉眼根本无法看到银河，这是一件相当遗憾的事。

图 12-1　重庆武隆和顺风力发电厂（李梦尧摄）

图 12-2　重庆南川马嘴水库（李梦尧摄）

可是在古时候，夜空中最壮观的天象便是这横亘在天空中，犹如一条大河般的银河了。因此，对于银河，自古就有许多传说：中国人认为银河就是天上的一条大河，阻隔了牛郎和织女的相会；在罗马神话中，银河是天神朱庇特的老婆朱诺的奶水喷出来，洒了一路形成的，所以在英语里银河是 Milky Way。传说当然是不靠谱的。

第一个看到银河真相的人又是我们的老熟人伽利略先生。当他用望远镜对准银河后，发现银河那看上去有像牛奶一样的白雾，实际上是由无数极为暗弱的恒星构成的，多得让人简直难以置信。后来一代又一代的天文学家用望远镜仔细地观测银河，证实了银河确实是由难以计数的恒星组合在一起形成的。天文学家们敏锐地意识到，银河是探索恒星世界的一把关键钥匙。那位发现天王星的赫歇尔首先开始探索恒星世界的奥秘，他把北半球的天空分成了 683 个区域，然后像扫地一样逐一观测记录每个区域恒星的数量。他一共观测了 1083 次，详细记录了近 11.8 万颗恒星的位置。他发现，所有的恒星似乎都聚集在一个状如"磨盘"

的系统里面，人们把这个发现称为"圆盘理论"。但是赫歇尔年纪大起来后，竟怀疑自己的这个圆盘理论是错的。于是他去世之前嘱托他的儿子继续研究下去。

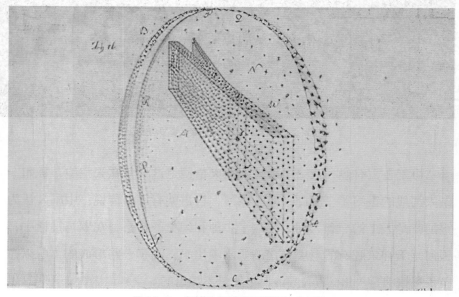

图 12-3　老赫歇尔描述圆盘理论的手稿

老赫歇尔的儿子叫约翰·赫歇尔（John Frederick William Herschel，1792—1871），在当时也是著名的天文学家。约翰·赫歇尔做了一件让所有人都瞠目结舌的事，他把他老爸那尊著名的"大炮"望远镜拆卸装船，不远万里运到了南非的好望角，在那里建了一个观测站。为什么是南非呢？因为一来南半球的星空被观测得很少，大多数天文台都建在北半球；二来，南非的好望角的天空极为干净，特别适合天文观测。小赫歇尔按照他老爸传授的方法，把天空分成了更细小的 3000 个区域，用了 3 年的时间观测了 6.9 万颗恒星，他的统计结果证实了老赫歇尔的"圆盘理论"是对的。

在赫歇尔父子的不懈努力下，关于银河系的正确概念初步建立起来了。尽管在赫歇尔之前也有一些人提出过类似银河系结构的理论，例如英国的哲学家赖特和德国的哲学家康德，他们凭借着哲学家想象力丰富的大脑，用哲学思辨的方式，凭空创想了银河的结构和形状。尽管他们的不少设想与我们今天知道的银河有类似的地方，但在天文学界，正式得到承认的是赫歇尔父子而不是赖特和康德。

为什么？因为科学重视的不仅是结果，更重视方法和过程。哲学家可以在头脑中随意创造各种各样的理论，他们只关心自己的理论是否听上去能自圆其说，往往不会关心如何通过观测和实验检验自己理论的正确性。

哲学思辨和科学思考的不同之处在于，哲学思辨者通过纯粹理性思考来研判一个命题，而科学思考者会把哲学思辨的结论当作一个假设，然后再用实验来验证这个假设。缺乏实证思维的人可以成为一个优秀的哲学家，但不可能成为一个优秀的科学家。

哲学家有点像是做无本买卖，如果结论不对，也没什么损失，反正是凭空推测的，没花太大代价。如果结论对了，哪怕有时候只是说对了一部分或者貌合神离地猜中了一些，也能青史留名。这样的例子在历史上并不鲜见，比如古希腊的阿里斯塔克，被喻为古代的哥白尼，因为他比哥白尼早了 1800 年提出日心地动的猜想。但客观地说，他这种毫无成本的猜想与哥白尼的思考方式不是一个级别的，他的天文知识和思维能力也不会比同时代的亚里士多德、柏拉图他们高明，只不过他恰好蒙对了答案而已，这不是真正的解题。再比如古希腊的德谟克里特，早在

2000多年前就提出了原子说，也是典型的蒙对答案，名垂青史了。

事实上德谟克里特脑子中的原子和现代科学所说的原子完全不是同一种东西，可以说除名字外没什么是一样的。再比如更近代一点的布鲁诺，他其实早就提出了太阳不是宇宙的中心，而是一颗普通的恒星，宇宙无限大。但布鲁诺也是猜想的，是用哲学思辨的方式凭空想出来的，因而在科学界，破除太阳中心思想的功劳不会归于布鲁诺。真正的科学工作者在创立一套理论、提出一个模型之前，必然要经过艰苦卓绝的观察和实验，对自己的理论不但要定性，还要用数学的方法定量，同时还要做出可以被检验的预言。

老赫歇尔正是这样一位天文学家，这位乐师出身的"业余"天文学家做出了举世公认的伟大成就。没有人会质疑他的专业性，因为他是第一个用科学的方法初步建立起了银河系的正确模型的人。我很看不惯有些人以大学专业是不是某个学科来区分一个人"专业"还是"业余"，而不是以这个人实际具备的专业技能和研究方法来区分。在这些人简单的头脑看来，只要一个人大学四年没有学过专业课，那么就一辈子被贴上了"业余"或者"非科班"的标签。殊不知人生有很多个四年，并不是只有第一个四年才能学习专业知识的，更不要说许多人在大学中其实并不怎么听课，真正的学习都是靠自学。是否在校园中学习专业知识，是否是顶着一个大学生的头衔学习，真的有那么大的决定性吗？好吧，我承认我有点儿跑题了，让我们回到正题上来。

赫歇尔父子建立的仅仅是一个初级的银河系观念，对银河系更深层次的认识我们要放到下一章去讲。在本章中我还要讲讲老赫歇尔的另外两个重大发现，这两个发现为后人打开了又一扇窥视宇宙的窗户。

哈雷首次发现了恒星的"自行"现象，这个我们在前面已经提到过，这个自行的现象让许多天文学家提出了这样的问题：自行现象的真实原因到底是恒星在运动还是太阳系在整体运动，抑或是两者皆有呢？就好像日月星辰的东升西落其实是地球自己在转而已。现象不一定直接反映本质。老赫歇尔对这个问题的思考结论是：都在动。那么，如何证实太阳系在整体运动呢？老赫歇尔努力地思索这个问题，这就是他和布鲁诺的区别。布鲁诺不会去想如何证明，而老赫歇尔则想出了一个绝妙的方案，这个方案在当时来说，绝对是了不起的。他的方案是这样的：如果太阳确实在带着地球一起朝某个方向运动的话，那么就应该能在地球上观测到"路灯效应"。打个比方，如果你坐在马车上，在一条两边有路灯的路上行进，那么，你朝前方看，就会看到前方的路灯似乎是从一个点向两边散开运动，如果你朝后方看，看到的景象正好相反，所有的路灯都是从两边向一个中心点运动。

图 12-4　从车头看过去，两边的路灯是从中心向两侧散开运动

依照路灯效应的原理，如果太阳朝某个方向运动，那么在运动方向上的恒星向四周散开；而另一个背向运动的方向上，看起来所有的恒星

则向某一点聚拢。当然，如果恒星本身也在运动的话，规律可能不是那么容易被发现，但只要观测的恒星足够多,路灯效应还是能够被观测到的。老赫歇尔按照这个思路开始了小心地求证，这就是我前面说的：科学思考最重要的是提出预言，并且被检验。

图 12-5　从车尾看过去,两边的路灯是从两侧向中心汇聚运动

　　不过，这事哪有这么容易呢？老赫歇尔必须收集到足够多的恒星自行资料。我们现在不知道老赫歇尔到底花了多长时间来观测和收集恒星的自行资料，但我想这个时间一定不会短，因为恒星的自行是非常难以观测的，尽管老赫歇尔拥有当时世界上最好的天文望远镜，可是它的观测精度与恒星的自行相比，仍是小得可怜。

　　因此，仅仅靠天文观测，很难得到足够的资料，必须得把过去一代又一代天文学家编制的星表拿出来仔细地分析，逐一研究恒星的自行运动。幸而随着老赫歇尔研究的深入，他发现太空中的恒星确实存在着路灯效应，而且该效应的发射点越来越明确地指向武仙座方向。到了1783年，老赫歇尔正式向天文学界宣布：太阳正朝着武仙座方向运动。

　　不过，这个结论却在当时遭到了比较大的质疑，因为限于当时的观测水平，老赫歇尔的证据被认为还不够充分。一直要到半个世纪后，阿格兰德（Friedrich Wilhelm August Argelander，1799—1875）一下子拿出了 390 颗恒星的自行数据，明白无疑地证实了老赫歇尔的结论，太阳的"本动"才得到举世公认。这也是太阳中心说被瓦解的导火索之一。

老赫歇尔的另一个重大发现是"星云"，当然，这个名称在今天看来已经名不副实了，但是老赫歇尔当年第一次在望远镜中看到它们时，他是真的以为这些是宇宙中的云 —— 发光气体。

自从有了这个发现，老赫歇尔对寻找星云着了迷，到他去世时，已经发现了 2500 多个星云，并一一记录在案。可惜的是，由于老赫歇尔使用的望远镜口径限制，他无法对星云的形状、结构做出深入的发现。这个世界热切地期待着更大的望远镜，但更大的望远镜就意味着更巨大的金钱投入，天文学研究急需一位富人的参与，还得是狂热并舍得花钱的富人。

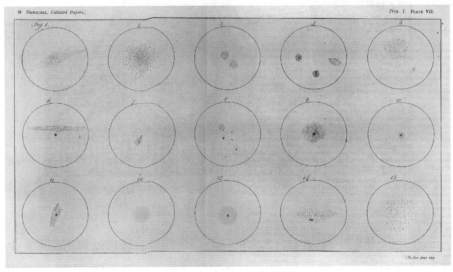

图 12-6　老赫歇尔手绘的星云

世界很大，什么样的人都会出现，这个富人居然就在最恰当的时机出现了。老赫歇尔去世的那一年，也就是 1822 年，在美丽的爱尔兰帕森城（今比尔城堡庄园），有一位 22 岁的伯爵公子威廉·帕森斯（William Parsons，3rd Earl of Rosse，1800—1867）迷上了天文学。他们家可是大户人家，相当于中国古代的大地主，很富裕。这位公子哥狂热地爱上了望远镜。等到他老爸过世后，他成为第三代罗斯伯爵时，他对望远镜的热爱依然有增无减。与老赫歇尔一样，他热衷于制造越来越大的望远镜，而他老婆竟是一位天才的铁器工艺师，帮助他一起设计制造超大望远镜。到 45 岁那年，他建成了当时世界上最大的望远镜——1.8 米口径的超级大炮。

图 12-7　位于爱尔兰的罗斯伯爵的大炮望远镜原址

在此后的整整 72 年中，无人能超越这个纪录。即便是放到今天，单单就口径而言，大炮望远镜的口径依然比今天中国最大的通用型光学望远镜的口径还要大，可以排入世界前 10 名，那可是在 178 年前啊！有了这件神器，罗斯伯爵能看到当时世界上无人能看到的宇宙景观。只可惜这位伯爵老爷似乎制造望远镜的能力要远远大于天文观测的能力，他能被后世记住的成就仅仅是绘制了一幅星云的素描像，就是猎犬座漩涡星系 M51。

图 12-8　罗斯伯爵手绘的猎犬座漩涡星系 M51 星云

　　但这唯一的成就却意义重大，它使人类首次看清了星云的具体结构。这个结构如此复杂、精细，以至于让天文学家们开始怀疑它们根本不是宇宙中的气体云，而是某种天体或者天体的组合。罗斯伯爵绘制的星云是如此生动精致，如果把它和现代太空望远镜拍摄的照片放在一起，你会像我一样惊叹于素描图像的准确性。正是罗斯伯爵的惊世杰作激发了许多天文学家对星云的探索兴趣，而星云，则成为几十年后人类拓展宇宙观的关键之关键。

图 12-9　哈勃太空望远镜拍摄的猎犬座漩涡星系 M51

今天的人类已经知道了银河系是一个巨大的漩涡星系，从正面看，它是这样的：

图 13-1　银河系正面模拟图

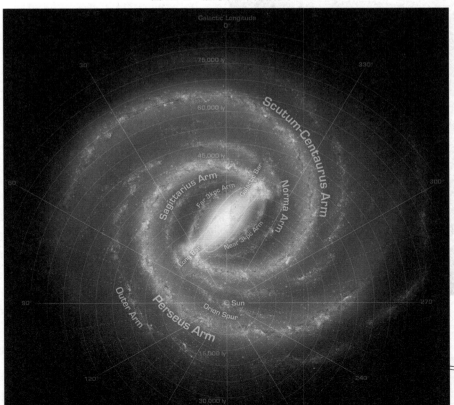

图 13-2　光学成像的银河侧身像
（李梦尧摄）

当然，任何银河系的正面图像都是画出来而不是实拍的，因为我们就身处在这个巨大的旋涡中，不可能拍到银河系的正面全身照，能拍摄到的只是银河系的侧面照。

但是，人类得到这样一幅银河系的正确图像并不是一帆风顺的，中间走过弯路，也引起过大争论。

1906 年，全世界各地天文学家都收到了荷兰天文学家卡普坦（Jacobus Cornelius Kapteyn，1851 — 1922）的一封倡议信，这封信的大致内容是建议全世界天文学家联合起来，用老赫歇尔的分天区的办法再"数"一次星星，详细记录他从天空中随机选出的 206 个天区中所有恒星的亮度、视差、位置、视向速度等参数。卡普坦的目的是把老赫歇尔的工作推向一个更深入的范围，定量地勾勒出银河系的结构和形状。卡普坦的倡议得到了相当多的天文学家的响应，尽管经历了第一次世界大战的硝烟，但依然有大量观测数据源源不断地流向卡普坦。终于，到了1922年，卡普坦向天文学界宣布：他用统计分析的方法画出了银河系的形状。它是一个直径55 000光年、厚11 000光年的透镜形状，太阳位于中心附近，距太阳越远，恒星数目越少，但由于未考虑到星际消光的影响，他得到的银河系大小仅为现在所知的一半左右，不过比英国著名天文学家威廉·赫歇尔给出的结果还是大了9倍。

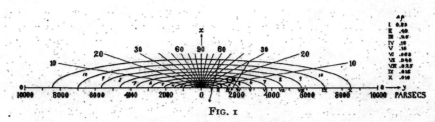

图13-3　卡普坦绘制的宇宙模型（1922）

这就是历史上赫赫有名的"卡普坦宇宙"。不过，从卡普坦的研究方法上，我们还是能看出一些缺陷的，他用的是世界各地的天文学家的数据，这些数据的准确性到底有多高？精度是否一致？这些问题的存在，必然导致卡普坦的结论不够牢靠。

就在卡普坦醉心于统计汇总数据，勾勒银河系形状的那些年，在美国加州距洛杉矶32千米的威尔逊山上，一个巨大的工程项目正在悄悄地进行。有着浓郁维多利亚时代风格的圆顶主建筑，让人一看就知道这是一座天文台，在圆顶的下面，是一个雄伟壮观的巨型支架，在它上面，将支起一架全世界最大的光学望远镜。1917年，口径达到2.5米的胡克望远镜在威尔逊山天文台安装完成，终于把占据世界第一宝座72年的罗

图 13-4　斯皮策太空望远镜拍摄的红外成像的银河

斯伯爵的望远镜比了下去。这座天文台在今后的 50 多年中，将迎来一位又一位天文学巨星，做出一个又一个令世人瞩目的伟大成就。沙普利（Harlow Shapley，1885—1972）正是这个传奇天文台迎来的第一批天文学家之一，他此时感兴趣的方向是球状星团——星空中的另一种有趣而神秘的天体。在夜空中有一些"恒星"在肉眼和小型天文望远镜中没

图 13-5   位于天蝎座的 M80 球状星团,拥有数 10 万颗恒星

有任何异状,可是在大型望远镜中,它们的真面目会让观测者大吃一惊,这些看上去像单个恒星的天体其实是由几万甚至几十万颗恒星聚集在一起组成的。

沙普利对球状星团着了迷,他在对 93 个球状星团认真地观测统计后,发现一个有趣的现象:这 93 个球状星团的分布很不均匀,并不沿银河聚集，有些离银河很远，最有意思的是它们中的三分之一集中在只占天空面积 2% 的人马座内。沙普利从这个现象中得出的结论是：如果说太阳位于银河中心（以下简称"银心"）的话，那么球状星团相对于银心的分布就是不对称的。这个结论怎么看都觉得不太对劲，也就是说，如果要让球状星团相对于银心是对称分布的，那只能让太阳离开银河的中心了。于是，他画了一个银河草图：

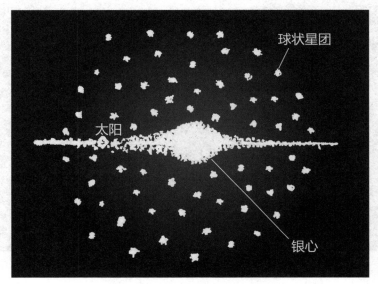

图 13-6　沙普利的银河草图

在这幅图中，太阳是在偏离银心的边缘位置上，后世的天文学家认为，沙普利的这张草图是继哥白尼之后对人类中心说的第二次革命，在人类的思想史上有着重要的意义。沙普利本人估计没料到后人对他的评价会那么高，他看着图，心中只在想一个问题：这些球状星团离我们有多远呢？

在这里，我不得不又一次岔开话题，谈一下天文测距的相关知识，因为距离是我们认识宇宙的关键。测量宇宙中任何一个天体与地球的距离，最直接的方法是三角测量法，也就是本书前文中一再提及的视差测定。但这个方法，只能测定不超过 400 光年的距离，再远就不行了，因为视差实在是太小了。

为了测定更远的距离，天文学家们发展出了许多其他的方法。其中，准确度相对较高的一个方法是"造父变星"测距法。现在，先跟我了解一下什么是"造父变星"。

说到这里，请让我花点笔墨纪念一下身残志坚的英国青年古德里克（John Goodricke，1764—1786）。这个可怜但值得人们尊敬的孩子只活了 22 年，他是个聋哑人，但上帝为他打开了一扇窗——古德里克拥有一双视力超强的眼睛。

他从小就喜欢看星星，年仅 18 岁时，他仅凭一双肉眼，不借助任何望远镜和其他仪器，就测定了被称为恶魔之星的英仙座 β 星（中文名是大陵五）的光度变化周期为 2 天 20 小时 49 分 8 秒，不但准确得让人咋舌，甚至还提出它是由一亮一暗两颗恒星组成的双星系统的观点。他把自己的发现报告给了英国皇家学会，经核实后，他被吸纳为最年轻的皇家学会会员。

在 22 岁英年早逝前，他又发现了另外两颗著名的变星：仙王座 δ 星（中文名造父一）和天琴座 β 星（中文名渐台二）。其中以仙王座 δ 星为代表的、本身光度就在变化的星星我们称为"造父变星"。

到了 1908 年，美国女天文学家勒维特（Henrietta Swan Leavitt，1868—1921）通过对造父变星的研究发现，造父变星的亮度和变星周期之间存在着数学关系。换句话说，只要测定出了一颗造父变星的光变周期 P，就能通过经验公式求出这颗星的绝对亮度值，然后再根据视亮度与距离的平方成反比的规律，测定出视星等，就能算出距离了。

因而，造父变星从此就成了天文测距的"量天尺"，有了它，沙普利就能测定出球状星团的距离。果然，沙普利在好多球状星团中发现了造父变星，这让沙普利大喜过望，他在测定了众多球状星团的距离后，提出银河系的直径是 30 万光年，厚度是 3 万光年，银心是在人马座方向，距离太阳 5 万光年。而我们今天知道银河系的直径是 10 万到 12 万光年，也可能是 15 万到 18 万光年，核球的厚度是 1.6 万光年，边缘厚 3000 光年，太阳到银心的距离是 2.7 万光年。

沙普利的银河系总体结构是对的，但是各项数值差得比较大。后来人们发现他错误的原因在于搞错了造父变星的类型，并且他当时并不知道星际消光物质的存在，低估了视星等，这使他测得的所有距离都被大大地高估了。

这个错误，让当时的主流天文学界在很长一段时期内更垂青于卡普坦的模型。当时的天文学界思考最多的两个问题是：宇宙到底有多大？银河系是不是整个宇宙？正所谓江山代有才人出，长江后浪推前浪，又一个巨星即将登场，他将回答这两个有关宇宙的基本问题。

十四
宇宙的尺度

　　时间推进到了 1920 年。这年春天，全美国以及世界上一些最著名的天文学家齐聚华盛顿，在美国科学院的大礼堂中，即将召开一次规模盛大的辩论会。辩题有两个：一、银河系到底有多大？二、漩涡星云到底是什么？辩论的双方都是天文学界德高望重的人物，一位是沙普利，另一位是美国著名天文学家柯蒂斯（Heber Doust Curtis，1872—1942）。这场辩论就是著名的"沙普利 - 柯蒂斯之争"，也叫"世纪天文大辩论"，由此可见其分量之重。两边的观点针锋相对，沙普利认为银河系的直径达到 30 万光年，仙女座那片星云是银河系中一种星云状天体；而柯蒂斯的观点则是银河系的直径只有 4 万光年，仙女座星云距离我们至少 50 万光年，是银河系之外的另一个星系。双方的辩论非常激烈，都引用了大量的观测数据加以佐证，谁也说服不了谁。在场的天文学家也分成了两个不同的阵营，彼此争吵不休。然而在热闹的礼堂一角，有一个人静静地坐着，嘴里叼着一个标志性的大烟斗，他没有参与这场辩论，只是静静地听着，嘴角泛起一丝冷笑。三年后，这个人将为这场辩论做一个终极了断，他的名字叫作埃德温·哈勃（Edwin Powell Hubble，1889—1953），一个传奇式的美国人。说他传奇，一点儿也不夸张。我得费点笔墨讲讲哈勃的经历，实在是忍不住要说说。

哈勃生于1889年，比爱因斯坦小10岁。他出生在密苏里州靠近欧扎克（Ozarks）高原的一个小镇上，童年时迁居到芝加哥郊区的惠顿（Wheaton）。他的父亲是一名成功的保险经纪人，所以哈勃小时候生活得很富足。他天生有一副好身板，英俊潇洒，聪明过人，魅力四射，有书里形容他"英俊得不像话"，还有一个粉丝说他美得像希腊神话中的美男子阿多尼斯。哈勃自己则说他在生活中经常干一些很勇猛的事情：勇救溺水的人那是家常便饭；厉害一点的，在法国战场上把吓坏了的大男人带到安全地带；最夸张的，他说自己在表演赛上把世界拳击冠军们几下子击倒，弄得他们很难堪。说实话，在我看来，吹牛也是哈勃的天赋之一。因为根据现在的科学史家的研究，哈勃自己吹嘘的这些事情要么是凭空捏造出来的，要么就是过分地夸大了自己的经历。

不过，哈勃在年轻的时候确实展示出了极为过人的天赋，他有些真实的经历让我感觉简直厉害到了有点荒谬的程度。在1906年的一次中学田径运动会上，他在撑竿跳高、铅球、铁饼、链球、立定跳高、助跑跳高项目上都得了冠军，同时还是接力跑冠军队的成员。也就是说，在一次运动会上获得了七个冠军，还有一个跳远的第三名。在同一年，他又刷新了伊利诺伊州的跳高纪录。

在文化学习方面，他也表现出了同样出众的能力：毫不费力地考入芝加哥大学，攻读数学和天文学。在校期间，他入选首批罗德奖学金学员，前往牛津大学深造，结果三年的英国生活竟让他像换了一个人一般。当他1913年回到故乡惠顿时，嘴里衔着个大烟斗，身披长长的披风，

图 14-1　仙女座大星云

一口地道的英国腔，这个形象跟了他一辈子。

他曾宣称自己 1910 年代在肯塔基州当律师，其实那段时间他在印第安纳州新奥尔巴尼的一所中学里当老师和篮球教练。在这之后，他获得了博士学位，并在军队中度过了很短一段时间（他是在离停战协定签订前仅有一个月时抵达法国，所以他根本不可能听到过愤怒的枪炮声）。

1919 年，30 岁的哈勃移居加州，得到洛杉矶附近威尔逊天文台台长乔治·海耳（George Ellery Hale，1868 — 1938）的聘用，没想到，这份工作让他出人意料地成为 20 世纪最为杰出的天文学家之一。

哈勃一到天文台，便以近乎疯狂的状态投入了对仙女座大星云（M31）和三角座大星云（M33）的观测。这两片星云是在北半球仅有的两片肉眼可见的星云，也应当是离地球最近的两片星云。

我一讲到"观测"这个词，各位读者多半会想到的情景是，天文学家坐在望远镜前整夜整夜地盯着天空看。实际上，自从19世纪上半叶发明的照相术在将近一个世纪中取得了巨大的进步以来，天文学家越来越多地依赖于天体照相来做研究。进入20世纪哈勃工作的年代后，已经没有天文学家靠肉眼观测来研究天文了，至于我们经常会在一些照片或者电视节目上看到一个天文学家聚精会神地盯着望远镜看，那无非摆个Pose（姿势）照个相而已。现代的大型天文望远镜甚至连目镜都没有了，

图 14-2　三角座大星云

只能用于拍照。记得我第一次去上海佘山天文台参观 1.25 米口径的反射式望远镜时，本以为也能摆个"观测"的 Pose 留个影，到了才发现，它根本不提供目视的功能，"观测"的方法是提供精确的天球坐标，拍出照片后再供你观看。

哈勃拍摄了大量的星云照片，从中发现了 34 颗造父变星。然后他用了两年多的时间耐心地绘制这些造父变星的光变周期曲线。接下来，他按照我前文阐述过的方法，计算出了两个星云离我们的距离都是约 93 万光年（现在我们知道这一数值还是大大低于实际距离），这个距离比沙普利和柯蒂斯的银河系直径都大了不止一点点。因此，当哈勃的研究成果在国际天文界一公布，立即引起了巨大的反响。哈勃的工作很细致，数据很翔实，不由得人不信。哈勃的工作让天文学家至少达成了一个共识，那就是星云不可能是银河系中的发光气体"云"或者某一个单独的天体，而是与银河系一样的由千亿星辰构成的真正的"星系"，每一个星系就像在广袤宇宙中的一个岛屿一样。至此，1850 年由德国人洪堡首次提出的"宇宙岛"概念有了第一份令人信服的科学证据。在大型的望远镜中，"星系"遍布整个宇宙。当时的人们已经能观测到数千个亮度不一的星系，不过它们都很暗，无法分解成单个的恒星，更不要说分辨出造父变星了。那么如何才能测定这些星系的距离呢？哈勃采用的办法是：假定每个星系的绝对亮度都差不多，现在既然知道了仙女座星系的距离，那么就可以通过比较这些星系的视亮度来计算它们离我们到底有多远。于是哈勃惊讶地发现，离我们最遥远的星系居然有上亿光年之远。宇宙之大，超出了所有天文学家的估计。但我想告诉大家，这仅仅是人类在认识宇宙尺度上跨出的第一步，70 多年后，另一个"哈勃"的发现更加惊人。这是后话，暂且不表。

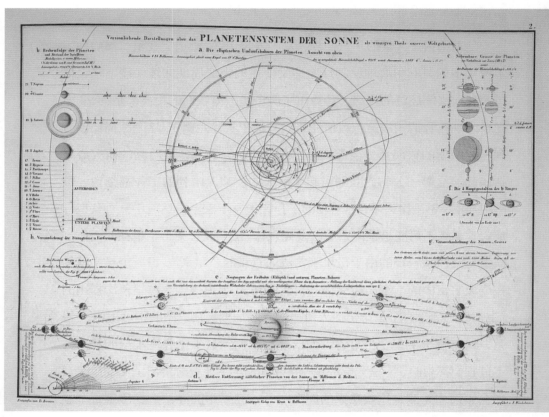

图 14-3　洪堡的宇宙岛概念

十五
膨胀中的宇宙

　　哈勃发现，所有的星云其实都是一个银河系以外的星系，他称之为"河外星系"。哈勃于是从一个星云迷升级为星系迷，痴迷的程度也越来越强烈。在随后几年的观测中，他又有了一个惊人的发现：所有遥远的星系都存在红移现象。无论用什么样的形容词来形容这项发现给当时的天文学界和物理学界带来的震动都不为过，以至于远在德国的爱因斯坦都坐不住了，非要到美国跑一趟，看一看哈勃和他的工作才敢放心地相信。为了让你能充分了解哈勃这个惊人的发现，我要先讲一讲什么是红移现象。

　　为了解释什么叫红移，我得先让你搞明白另外一个名词，也就是多普勒效应，因为起先大家认为星系的红移是由多普勒效应引起的。

　　多普勒（Christian Andreas Doppler，1803—1853）是奥地利的一位数学家、物理学家。1842年的一天，他正路过铁路交叉处，恰逢一列火车从身旁驰过，他发现火车由远而近时汽笛声变响，音调变尖，而火车由近而远时汽笛声变弱，音调变低。他对这个物理现象产生了极大兴趣，并进行了研究，发现这是由于振源与观察者之间存在着相对运动，使观察者听到的声音频率不同于振源频率而形成的现象，即频移现象。具体来说就是声源相对于观测者在运动时，观测者所听到的声音会发生变化。当声源离观测者远去时，声波的波长会被拉长，音调变得低沉；而当声源接近观测者时，声波的波长会被缩短，音调就变高。音调的变化同声源与观测者间的相对速度和声速的比值有关，这一比值越大，改变就越显著。后人把这个发现称为"多普勒效应"。

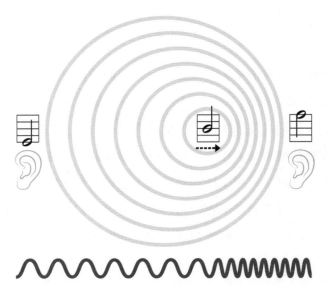

图 15-1　多普勒效应图示：声源朝右侧运动，逐渐接近声源的
观测者会听到更高的音调（波长相对短，图右）；逐渐远离声源
的观测者会听到更低的音调（波长相对长，图左）

多普勒效应对所有的波都是成立的，而我们知道光是一种电磁波，自然也会存在多普勒效应。当一个光源远离我们而去的时候，光波就会被拉长，从光谱上来看，就是向着红端移动，这就被称为红移现象。与

之相对的，如果光源是朝向我们运动的话，就会产生蓝移现象。

哈勃发现不但几乎所有的星系（仙女座星系除外）都存在红移现象，而且越是遥远，红移得越厉害。他用数年时间，测定了上百个星系的红移大小，然后换算成了它们的视向速度，把它们集中在一张图上：

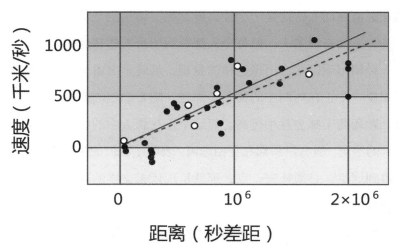

图15-2　哈勃绘制的星系红移统计

一看到这张图，只要对数学稍稍敏感一点的人都不难看出，视向速度和星系的距离呈正比例关系，这是一个典型的一次函数的解析图。哈勃当然也立即由此图提出了天文学上大名鼎鼎的哈勃定律：$v=Hd$。这里的 v 表示星系远离我们的退行速度，d 表示星系的距离，H 则是哈勃常数。该定律也可以变形为 $H=v/d$，也就是星系的退行速度与距离之比是一个定值。不好意思，我好像想起来前文曾经说过不再出现公式了，原谅我一次，对于天文学来说，哈勃定律实在太重要，我不得不让你再看一次公式。

哈勃定律看上去仅仅是一个简单的数学公式，但你能看出它背后蕴含的惊天秘密吗？连伟大的爱因斯坦也被哈勃的这个发现搞得激动得睡不着觉。现在让我来帮你解读一下：

哈勃定律适用于宇宙中任何一个观测点，我们的银河系并没有任何特殊性。也就是说，你站在宇宙中任何一个位置观看，都会发现所有的星系在远离你而去，这是一个什么概念呢？请想象一下，假如现在有一个广场，上面有很多人，但每个人都看到所有人都在远离自己而去。只有在一种情形下，才会出现这样的景观，那就是宇宙整体正在膨胀中。我们想象一个正在烤制中的葡萄干面包，随着面包的膨大，嵌在面包中的每一颗葡萄干都会互相远离。而这个正在膨大中的烤面包，正是哈勃观测到的宇宙，所有星系都在互相远离，表明了我们的宇宙正在膨胀中。

讲到这里，必须补充一点，那就是现代天文学的观点认为：星系的红移现象并不是由多普勒效应造成的，这是天文科普书中常见的一个误区，星系的红移恰恰是由宇宙膨胀本身造成的。如果把宇宙想象成一块有弹性的布，光是缝在上面的线，那么把这块布拉长，上面的丝线也就跟着拉长了。这里的区别在于：多普勒效应造成的红移是一个恒定值，而宇宙膨胀本身造成的红移量是一个不断增大的值。

远在德国的爱因斯坦读到了哈勃的论文，惊讶得好几天睡不着觉，因为哈勃的这个发现与他提出的广义相对论竟然能够互为印证。但真正让爱因斯坦吃惊的，是他自己居然因为不相信宇宙会膨胀而生生地在他的广义相对论方程中添加了一个不必要的常数，以维持宇宙的稳定，据说这是爱因斯坦自认为一生中最大的错误。不过我最近看书才发现，所谓的爱因斯坦的这句话，其实最早是从另外一个美国物理学家伽莫夫（George Gamow，1904 — 1968）口里转述出来的，真假难定。有关爱因斯坦的这段妙趣横生的故事，请参考我的另一本有趣的书《时间的形状：相对论史话》。

爱因斯坦在惊讶之余，还郁闷了好几天，因为他仿佛看到了苏联朋友的得意笑容。这个苏联数学家叫作弗里德曼（Alexander Friedman，1888—1925），他在研习了爱因斯坦的广义相对论后，曾经发表论文指出爱因斯坦的那个宇宙常数是画蛇添足，我们所处的宇宙就是在膨胀中的，并且在宇宙最初的时候，只是质量和密度接近无限大的一个点而已。

爱因斯坦看到弗里德曼的论文后第一反应便是荒谬，宇宙怎么会开始于一个点呢？宇宙应该是和谐而稳定的才符合他心目中崇高的哲学准则。现在好了，那个美国后辈哈勃证明了宇宙膨胀，弗里德曼是对的，而他是错的，爱因斯坦只好服输。

图 15-3 宇宙是不断膨胀的，造成了星系的彼此远离

这就是真正的科学精神，科学遵从的是证据法则，谁能提出更强有力的证据，谁的理论就会得到认同。科学家与科学家之间使用的是同一种语言，对于研究对象采用的是同一个定义，因此科学家与科学家之间很容易在证据面前达成共识。

而与之形成鲜明对比的是，哲学家和哲学家之间往往使用的不是同一种语言，这个哲学家说的"天"和那个哲学家说的"天"往往不是一个概念，所以我们会看到，几乎很少有哲学家会对同一个概念达成完全一致的观点。就我看过的一些哲学类书籍而言，我感觉哲学似乎不需要给概念下严格的定义，实际上哲学家努力想达到的一个效果，就是让每个阅读的人产生自己不同的感悟。在这里并不是批判哲学有什么不好，我只是想告诉大家：科学和哲学有很大的区别，不要把它们混为一谈。哲学家罗素曾经在《西方哲学史》的概述中说："哲学只研究问题，不负责解决问题。"你想哲学问题的时候，就用哲学的思维，想科学问题的时候，就用科学的思维。比如面对"人从哪里来，要到哪里去？"的问题，哲学思维可以按每个人自己的想法来理解这个"哪里"，而科学思维就必须问清楚"人"和"哪里"的定义到底是什么，缺了这个前提，科学拒绝回答这个问题。

可惜爱因斯坦没有活到今天，否则他又会从沮丧重回自信心爆棚的状态，因为他自认为是最大错误的那个宇宙学常数，居然又以另外一种完全意想不到的方式复活了。这是我后面要讲的一个极有看头的故事，别急，且听我慢慢道来。

十六
大爆炸

　　哈勃定律的发现还让另外一个比利时的天文学家勒梅特（Georges Henri Joseph Éduard Lemaître，1894—1966）兴奋不已，因为他在两年前就写了一篇论文，支持弗里德曼的宇宙膨胀观点，但他的厉害之处还在于他的数学证明更加缜密、翔实。爱因斯坦在看了勒梅特的论文后，也酸酸地承认勒梅特的数学证明太漂亮了，实在无懈可击，但爱因斯坦当时却死不认错，不放弃自己的静态宇宙观，把勒梅特气个半死。

　　哈勃的发现让勒梅特大受鼓舞，他开始深入思考一个似乎是上帝才有资格思考的问题，那就是宇宙起源。1931 年，勒梅特写了一篇论文发表在《自然》杂志上，用富有文学性的语言写道：在几十亿年前，整个宇宙就是一个无限致密、无限炽热的原子，然后，空间在这个原始火球中诞生。空间诞生后，时间也随之诞生，火球迅速膨胀，物质开始出现。

　　当时有一个出名的英国天文学家叫霍伊尔（Fred Hoyle，1915—2001），他看到勒梅特的理论后，相当不以为然，有一次接受采访时，他调侃勒梅特的理论说："不就是'Big Bang'嘛，'砰'的一下，宇宙诞生了，多滑稽啊！"谁想到吊诡的是，本来是带点侮辱意味的这个词"Big Bang"，也就是大爆炸，竟然不胫而走，成了宣传勒梅特理论最便捷形象的比喻，这是霍伊尔万万没想到的。因为这样一个通俗而又形象的理论标签，使宇宙大爆炸学说在普通公众中的知晓率迅速提升。

在当时的天文学界，大家对勒梅特的理论各执一词，有支持的，也有强烈反对的。在支持者的阵营中，有一位重量级的美国物理学家伽莫夫，对，就是那个写了很多出名的科普书，比如《从一到无穷大》的伽莫夫。他鼎力支持大爆炸理论，并且他预言那次创世宇宙大爆炸在今天还留有余温，也就是整个宇宙中应当残留有背景辐射。伽莫夫不但定性地描述了宇宙背景辐射，还定量地计算出了这个辐射的温度是 5K，如果用今天测定出的各种参数来代入伽莫夫的方程，这个值应当是 2.7K。这是一种微波辐射，仅仅比绝对零度高那么一点点，如果转换成你熟悉的温度的话，2.7K 就是 −270.45℃。预言虽然提出来了，但以当时人类所掌握的技术水平，要想探测到宇宙微波背景辐射无异于痴人说梦，因此，伽莫夫和勒梅特都还需要等待。然而这一等，就是差不多 20 年，幸运的伽莫夫在去世前等到了这一天，真够悬的，而不幸的勒梅特则在发现前不久过世了，真遗憾。

望远镜是人类研究天文学最主要的工具，伽利略是把望远镜伸向天空的第一人，他的故事我们已经详细地讲过了。伽利略用的望远镜为光学望远镜，它可以用肉眼直接观测，或者接上一个照相机把来自宇宙的可见光捕捉到相片上，但是宇宙中的天体除发出可见光以外，还发出大量的不可见光，也就是各种频率的电磁波。通过探测这些电磁波，不但能够成像，还能够发现很多意想不到的现象。在 20 世纪 30 年代，一种叫作射电望远镜的新型望远镜被发明出来，它将给天文学研究带来意想不到的新发现。

与其说射电望远镜是一台望远镜，倒不如说它是一台超级收音机更为恰当。因为射电望远镜并不是捕获光线的，而是通过一个巨大的天线收集各种频率的电磁波进行分析，进而把电磁波转换成图像和声音这两种人类可以直观感受的形式。

宇宙微波背景辐射正是借助了射电望远镜而终于被两个幸运的美国工程师找到，如果让我投票选出史上最幸运的工程师，我一定投给这两个美国人——彭齐亚斯（Arno Penzias, 1933 年生）和威尔逊（Robert Woodrow Wilson, 1936 年生）。1964 年，他们一个 31 岁，一个 28 岁，是美国贝尔实验室的两名工程师，入行时间不长，资历也不深。他们俩搭档，一起在美国新泽西州的霍尔姆德尔建造了一个形状奇特的号角形射电天文望远镜，开始对来自银河系的无线电波进行研究。有一根号角形的巨大天线非常灵敏，喇叭口的直径达到了 6 米，可能是当时世界上最灵敏的天线。但天线启动后，这俩小伙就非常郁闷，天线似乎有毛病，总有一种怎么也去不掉的噪声在干扰他们。俩人一致认定这噪声是该死的天线本身的问题，理由很简单：无论天线指向天空的何处，这个噪声总是不依不饶地顽固存在。于是，俩小伙与之展开了长达一年多的漫长斗争。他们先是把所有能拆的零件全部拆下来，重新组装了一遍，没用。然后又检查了所有电线，掸掉了每一粒灰尘，没用。他们爬进天线的喇叭口，用管道胶布盖住每一条接缝、每一颗铆钉，还是没用。曾经有一次，他们以为找到了原因，当他们爬进天线时，发现了一个鸽子窝，居然有鸽子在里面筑巢！

"罪魁祸首一定是鸟屎！"威尔逊恍然大悟，对彭齐亚斯说。"鸟屎是一种电解质。"彭齐亚斯听了使劲地点头，于是俩人再次爬进天线，把所有鸟屎擦得干干净净，这可不是一件轻松的工作。可是让俩人快疯掉的是，干完这一切后，那个鬼魅般的噪声反而更加清晰了。就这样折腾了足足一年，到了 1965 年，在他们濒临绝望的时候，终于想到了离他们仅有50 多千米远的普林斯顿大学。这可是爱因斯坦工作过的大学啊！这所学校藏龙卧虎，肯定有高人。于是他们打电话找到了大学的罗伯特·迪克（Robert Henry Dicke，1916—1997）教授，向这位功底深厚的天文学家、物理学家详细描述了他们遇到的问题，希望迪克教授能诊断一下，开个方子。迪克教授在听完了他俩的絮叨后，心里拔凉拔凉的，他立刻明白了真相，说了一句话：你们俩拼了命要去掉的东西，正是我拼了命要寻找的东西，你们俩咋就这么好命呢？原来，迪克教授正领导一个研究小组试图验证伽莫夫的预言——宇宙微波背景辐射。他清楚地知道，他要找的东西已经被这俩从未看过伽莫夫论文的毛头小伙子找到了。经过最后证实，彭齐亚斯和威尔逊接收到的噪声就是来自宇宙的本底辐射，温度是 3.5K，与伽莫夫的预言非常接近，这个误差是完全可以接受的。

就这样，20 世纪天文学史上最重要的发现，没有之一，也是宇宙大爆炸理论的最关键证据——宇宙微波背景辐射被极其戏剧性地发现了。这两个幸运的美国工程师——彭齐亚斯和威尔逊，因为这个发现在十多年后获得了 1978 年的诺贝尔物理学奖，荣光无限。他们根本就不是研究理论物理的，这恐怕也是诺贝尔奖史上最幸运的获奖人，而迪克教授则收获了无数的同情。

宇宙微波背景辐射之所以能成为大爆炸理论最关键的证据，不仅是因为它符合了伽莫夫的预言，更重要的一个逻辑在于：按已观测到的 3K 左右的温度，相当于宇宙的任何一个地方都能以大约 10 个光子/（秒·平方厘米）的效率接收到光子。考虑到宇宙的尺度之大，根本不可能有哪一个辐射源能产生如此巨大的能量，这些光子只能是在宇宙诞生的时候同时产生，就像一个巨大的火球在经过了 138 亿年的膨胀后剩下的余温。你在电视机中看到的雪花点，有 1% 就是宇宙背景辐射产生的。

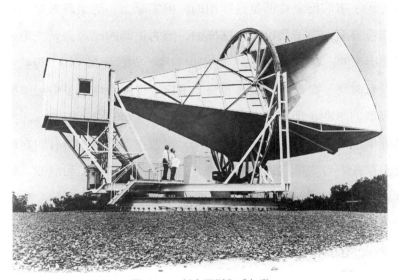

图 16-1　彭齐亚斯和威尔逊

也正是因为这项证据的出现，宇宙大爆炸理论成了在科学界达成广泛共识的坚实理论。科学就是这样，不认权威，认证据。而所有的证据里面，那些"可证伪度"越高的证据，越有证明力。"可证伪度"是科学、哲学中的一个概念，指的是一个"预言"失败的难度，假如某一项科学预言特别反常识、反直觉，也就意味着这项预言很容易失败，那么，越容易失败的预言，它的"可证伪度"就越高。伽莫夫对宇宙微波背景辐射的预言就属于"可证伪度"特别高的预言，但一旦这种预言被证实了，那么，它就将成为一种"铁证"，会有强大的说服力。因此，宇宙微波背景辐射的证据出现后，科学界就几乎没有人再怀疑宇宙大爆炸理论的正确性了。

一谈到宇宙诞生于一场大爆炸，多数人头脑中的景象是这样的：在无边无际的黑暗中，突然，一个光点像焰火一样炸出来，无比绚丽。大多数关于宇宙的纪录片都是这样拍的，但实际上，这个场景是错误的。这无法怪导演，换了我也只能这样拍，因为正确的图像是无法用影像准确描述出来的。真正的情况是：在创世的那一刻，没有黑暗，没有空间，甚至没有时间，没有就是没有。整个宇宙，也就是你脑子中想象出来的一切有形的东西，都包含在一个被称为"奇（qí）点"的地方，没有任何物理单位可以形容这个奇点的性状，因为在奇点中，所有的物理定律都还不存在。当"奇点"发生爆炸之后，才产生了空间和时间。好吧，我承认我以上说的一切都令人相当费解，至少是难以想象的，我再用下面一个较为粗糙的类比方法，帮助你理解宇宙诞生时的空间。

现在，让我们做一个疯狂的假想：如果我们回到138亿年前，那时候的宇宙只有一间牢房那么大，20平方米左右，那么，当你身处这个宇宙中时，你会看到什么？你会发现，如果朝前面看，自己的背影就在几米开外的前方；朝后看，另一个自己就在几米开外的后方，与你做着同样的动作，再朝上朝下看，都能看到一样的自己。当你朝前面跑时，前方的自己也开始跑，只用了几步你又跑到了自己出发的位置，不管你朝哪一个方向跑，都会回到原点。这是一个无限循环的三维空间，你根本不可能"出去"，因为根本没有"外面"，整个宇宙就在你眼中，这就是"有限无界"的宇宙观。听上去有点儿恐怖，这样的牢房就是真正无法越狱的完美牢房。现在，请把这样一个有限无界的宇宙不断地在你的脑海中缩小再缩小，一直缩小下去直到无穷。注意，没有"外面"，也没有黑暗，空间和时间都禁锢在这个"宇宙"中。然后上帝说"要有光"，于是，这个"宇宙"开始急速膨胀，这就是"宇宙大爆炸"理论。

请注意，我刚才的那个牢房的比喻是针对宇宙刚刚诞生的时刻。那么，我们今天的宇宙在经历了 138 亿年的膨胀后，是否依然是一个巨大的恐怖牢房呢？如果我们朝一个方向一直飞一直飞，最后会不会回到原地呢？虽然还没有定论，但是越来越多的宇宙学家认为，我们今天的宇宙是一个无限大的宇宙，我们永远也无法飞回到原地，这个观点得到了理论和观测的有力支持。这个话题在后面还会详谈，这里先放一放。

自从这个宇宙微波背景辐射被探测到，一大批科学家都兴奋地投入这个领域。相比考古学家来说，宇宙学家是无比幸福的，为什么这么说呢？因为考古学家在研究远古时代的地球时，面对的都是经过了成千万上亿年时间洗礼的遗迹，他们只能通过残留下来的蛛丝马迹，艰难地还原当时的现场。可是宇宙学家自从发现了微波背景辐射，就相当于找到了宇宙诞生时刻的光子，这些光子跨越了 100 多亿年的漫漫时空，来到地球。当我们端详宇宙的微波背景光子时，也就是在端详宇宙大约 138 亿年前的模样。于是，全世界投入了大量的人力、物力，建造出一个又一个精密无比的天文仪器。在随后的十几年里，对宇宙微波背景辐射的研究是整个宇宙学乃至天文学最热门的一个领域。但是随着测量数据越来越精确，许多大爆炸的支持者却变得越来越坐立不安，因为一个"幽灵"从这些测量数据中慢慢地浮现出来，这个幽灵是什么呢？

从宇宙背景辐射的探测数据中，他们发现整个空间中的辐射是完全均匀的，无论把天线指向哪里，辐射的温度都是 2.725K 左右。也就是说，宇宙"大火球"的温度极为惊人地均匀一致，用专业点的术语讲，就是宇宙在 10^{-5} 量级上表现出完美的各向同性。

你可能会奇怪了，这听上去应该是很正常的啊，如果不均匀我才会觉得奇怪呢，怎么宇宙大火球温度均匀一致反而成了一个幽灵、一个谜题呢？

是这样的，按照广义相对论的计算，在宇宙诞生的那一刻，宇宙空间膨胀的速度是如此之快，以至于其中不同区域相互远离的速度超过了光速（别问我是怎么计算出来的，那个太难懂了，一大堆的微分方程组，我哪里看得懂。总之，你跟我一样，知道结论就可以了）。等等，相对论不是说光速是速度极限吗？怎么你这里说超过了光速？这里其实有一个广泛的误解：相对论所说的光速极限是指信息和能量的传递速度无法突破光速（可以参看拙作《时间的形状：相对论史话》），而空间的膨胀本质上是一种视运动，其速度是完全可以超过光速的。换句话说，星系与星系之间的相对退行速度是不受任何速度限制的，因为这种速度并没有信息和能量的传递，所以完全不违背相对论。

这样一来，问题就出来了。我们想象一下，宇宙在诞生的时候，"砰"一声炸得四分五裂，但是由于空间的膨胀速度超过光速，也就是意味着每一个碎块与碎块之间的分离速度超过了光速，那么这些碎块与碎块之间绝对不可能发生任何能量交换，也不可能发生热量的传导，但是最终的结果，却是所有的碎块温度全部惊人地一致。这就好像夜空中炸开了一朵焰火，但是焰火每一颗火星的温度都极为精准地完全一致。这个情况与当时理论计算的结果产生了严重的矛盾，宇宙学家们将这个谜题称为"视界问题"。

这个谜题不但困扰着当时无数的物理学家和宇宙学家，也困扰着在美国斯坦福直线加速器中心工作的理论物理学家阿兰·古思（Alan Guth，1947 年生）。不过这个古思是个很厉害的人，他在 1979 年首次提出了一个理论，后来又经过另外几个科学家的关键改进，成功地解决了困扰学界多年的视界问题，并且被物理学界广泛接受，这就是大名鼎鼎的"暴胀理论"。暴胀理论也是严格地依据广义相对论计算得出的。大家知道广义相对论是非常难解的一组偏微分方程组，弗里德曼他们搞出的大爆炸宇宙模型也可以称为弗里德曼 - 勒梅特 - 罗伯逊 - 沃尔克解，是广义相对论方程的一个精确解。古思他们就在原来的这个解的基础上，利用广义相对论的某些特性，如排斥性引力、量子场等（诚实地说，我看了很多资料，但依然一知半解），经过更加精密的计算，修正了原有的大爆炸理论，搞出了一个暴胀理论。这个理论其实非常复杂，也涉及众多概念和计算，但我还是可以试着用一种概括的方式跟大家概述一下：

视界问题之所以会折磨原有的标准大爆炸模型，是因为空间的不同区域分离得太快，不足以建立起热平衡。暴胀理论则减慢了在宇宙最初期时刻的膨胀速度，使宇宙大火球有足够的时间建立相同的温度。在完成了这个热平衡后，宇宙经历了一次短暂的爆发性的膨胀，而且越来越快，以对早期的缓慢膨胀做出补偿，这就是"暴胀"这个词的由来。这个理论的核心内容是说，宇宙空间在迅速远离之前就已经建立了共同的温度。

那么这个暴胀的速度有多快呢？古思他们的计算表明，在 10^{-35} 秒到 10^{-33} 秒，也就是十亿亿亿亿分之一秒的时间内，宇宙的尺度突然增大了 10^{26} 倍，也就是一百亿亿亿倍。这是个什么概念？我简单做了一个计算，相当于一粒尘埃瞬间膨胀成 10 个银河系那么大。这种规模的膨胀是我们这些凡夫俗子穷尽一切想象力也无法真正理解的。

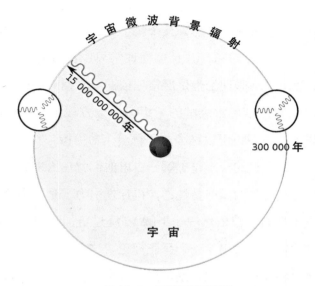

图 16-2　视界问题示意图

　　对于一个科学理论尤其是物理理论来说，有两样东西很重要：一个是数学上的严格推导，还有一个就是能得到观测数据的实证。暴胀理论要得到科学共同体的认可也一样需要实证，那么暴胀理论是否能做出一些可以被检验的预言呢？是可以的。在一大批理论物理学家的共同努力下，其中也包括大名鼎鼎的霍金，他们发现，空间的快速膨胀并不会导致辐射的绝对均匀。相反，因为量子涨落的存在，在宇宙看似均匀的微波背景辐射中必定也会存在极为微弱的温度涨落，这就像光滑的水面上会泛起微微的涟漪一般，这种温度的涨落随着宇宙的膨胀，会被不断地放大。精细的理论推导表明，这个温度的涨落在被放大了 138 亿年后的今天，应该是千分之一摄氏度这样的起伏，并且理论还能精确地推导出温度的涨落如何随着宇宙中不同区域的距离而变化，准确地说，这个距离指的是从地球上看宇宙不同区域时的视线夹角。

科学家们据此绘制了一张宇宙背景辐射温度涨落的曲线图。

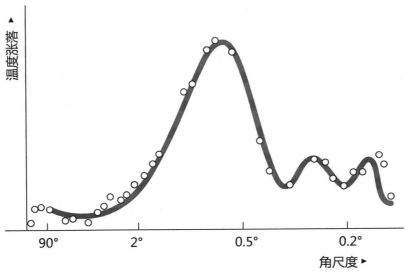

图 16-3　宇宙背景辐射温度涨落的曲线

（说明：图中的曲线是理论计算值，小白点是实际测量值）

　　预言已经提出，那么接下来的事情就是观测实证了。1989 年 11 月 18 日，在美国的范登堡空军基地，一枚德尔塔火箭冲天而起，把一个价值上千万美金的探测器发射到了太阳同步轨道上，这是人类发射的第一个宇宙微波背景辐射探测器（Cosmic Back ground Explorer，缩写 COBE）。在物理学家乔治·斯穆特（George Fitzgerald Smoot，1945 年生）和约翰·马瑟（John Mather，1946 年生）的带领下，有 1000 多位研究人员为这台探测器忙碌着。两年多后，1992 年 4 月 23 日，他们宣布了一项激动人心的发现：宇宙微波背景辐射的温度涨落找到了，而且和理论预测相符得很好。这条消息登上了全美各大报纸的头条，整个科学界为之兴奋，这又是广义相对论的一次重大胜利。2006 年的诺贝尔物理学奖就颁给了乔治·斯穆特和约翰·马瑟，以表彰他们的这次重大发现。

COBE 的发现极大地振奋了科学家们探索宇宙微波背景辐射的热情。2001 年 6 月 30 日，美国宇航局（NASA）在卡纳维拉尔角又发射了一颗宇宙微波背景辐射探测器，名字叫作威尔金森微波各向异性探测器（Wilkinson Microwave Anisotropy Probe，缩写 WMAP），这枚探测器被发射到了地球和太阳的第二拉格朗日点上。拉格朗日点是地球与太阳的一个引力平衡点，它可以保证这枚探测器永远躲在地球的影子中，从而避免太阳辐射的干扰。WMAP 在太空中整整工作了九年多，研究团队每隔两年发布一次数据，而每一次数据发布，都会把我们整个宇宙的微波背景辐射图像向更精细推进一步。让我们来看看它最终发布的九年数据图像是什么样的：

图 16-4　WMAP 发布的宇宙九年数据图像

这张图与暴胀理论预言的相符程度令人叹为观止，有了如此坚实的实证基础，暴胀理论作为宇宙大爆炸理论的补充之一，一直统治宇宙学领域至今，被称为"标准宇宙模型"。当然，有标准的模型，就会有非标准的模型，宇宙学家们近年来不断设想出各种各样的宇宙模型，但这些不在本书讨论范围内。

引发上述一切惊人理论的源头是哈勃的卓越发现。这个传奇的美国人于 1953 年去世，但他老婆不知出于何种目的，没有举行葬礼，还把哈勃的身体"藏"了起来（我们只能这么认为）。真人哈勃走了，另一个"哈勃"很快就要现世，他把人类对宇宙的认识继续向前推进了一大步。

到这里呢，我需要再回头谈一个问题，那就是宇宙的年龄是怎么被计算出来的。

首先我们要定义一下什么是宇宙的年龄，宇宙的年龄指的是以我们地球为参考系，自宇宙大爆炸发生的那一刻起到现在所流逝的时间总和。既然宇宙是在膨胀中，而且膨胀的速率是一个常数、一个定值，说得更通俗点就是膨胀速度是匀速的，这也就是我们之前所说的哈勃常数。那么我们就可以计算出宇宙从一个点膨胀到现在的尺度需要的时间，这个时间其实就是哈勃常数的倒数，用 1 除以哈勃常数得到的数值就是宇宙的年龄。因此，哈勃常数测量得越精确，宇宙的年龄也就计算得越精确。

但是请大家注意，这里所说的计算方法的假定前提是宇宙是匀速膨胀的，如果宇宙不是匀速膨胀的，那么哈勃常数的倒数就只是一个近似结果。最早的时候，科学家们普遍认为宇宙应当是减速膨胀的，这个很好理解，因为万有引力的存在会拉慢宇宙的膨胀速度。只不过，这个减速度非常非常小，要观测到很不易。可是，随着天文观测的深入，观测精度不断提高，天文学家们惊讶地发现，我们的宇宙不但不是减速膨胀的，而且是在加速膨胀！当然，加速度非常非常小。

更精确的测量还发现，宇宙不是匀加速膨胀的，在各个时期的加速度还不一样。关于宇宙加速膨胀的话题，我们在后面还会详细地讲到，它牵出了当今宇宙学领域最大的一个谜。

有了这些测量结果后，宇宙年龄的计算就变得更加复杂了，因为要在哈勃常数的基础上做出修正，不过这个修正值相对于宇宙的年龄来说不是很大。人类对宇宙年龄的计算结果，随着一个个太空天文望远镜和宇宙微波背景辐射探测器的升空而一次次地朝着更精确的值修正。根据2015年欧空局普朗克卫星所得到的最佳观测结果，结合之前的数据积累，我们现在得出的宇宙年龄是137.98±0.37亿年。

彭齐亚斯和威尔逊无意中发现的宇宙微波背景辐射是20世纪最重要的天文发现，它让射电天文学成为天文学研究中的主角。天文学家们开始意识到，揭开宇宙的奥秘，不可见的电磁波其实比可见光携带着更多的信息。也是从这时候开始，射电天文学驶上了高速公路。一座又一座雄伟的射电天文台在全世界各个角落拔地而起，它们的碟形天线就像一只只凝望宇宙的观天巨眼，不断为人类带来一个又一个惊奇的新发现。除了宇宙微波背景辐射，还有另外三个重大发现，并称为20世纪射电天文学四大发现：星际有机分子、类星体和脉冲星。这些新发现大大地拓展了人类对宇宙的认知。

十七
星际有机分子

　　在茫茫太空中，恒星与恒星之间并不是空无一物，而是散落分布着大量的星际尘埃，这些尘埃云一片一片地飘落在银河系的茫茫太空中。但是，因为这些尘埃云本身不发光，所反射的星光也极为微弱，因此在光学天文望远镜中它们是无形的。但是，自从射电天文望远镜发明后，它们就不再是无形的了，因为星际尘埃会发射出无线电波，根据它们发射出的无线电波的特征，科学家们能够分析出这些尘埃云中原子和分子的构成。比如星际间最多的氢原子，它就会发射出波长为21厘米的无线电波，因此21厘米波成了宇宙中最常见的无线电波，被称为"氢波段""21厘米线"。起初，大多数天文学家都认为星际间只能存在单个原子或者离子，不可能存在分子，但是随着探测的深入，天文学家们发现星际间其实存在着各种各样的分子。首先是1963年，他们在仙后座的一片星际空间中发现了羟基($-OH$)，也就是氢氧基。然后是1968年，在银河系的中心附近，人马座B2区域探测到了一片巨大的分子云，在里面发现了氨分子（NH_3）和水分子（H_2O）。这时，天文学家们已经很激动了，因为按照这个趋势，很有可能发现有机分子。大家知道，自然界中的分子分成无机分子和有机分子两种，有机分子是构成已知生命形式的最为基础的要素，如果在太空中找到了有机分子，就会为生命的起源找到了一个新的方向，同时也大大增加了生命可以在宇宙中自然发生的可能性。果然，仅仅过了一年，1969年，科学家们还是在那片分子云中探测到了甲醛（HCHO），这可是真正的有机分子，这个发现意义重大。

无巧不成书，就在射电天文学家忙着确证星际甲醛分子的同时，一件激动人心的大事发生了：1969年9月的一个星期天早上，澳大利亚上空突然出现了一个巨大的火球，并且发出惊天动地的"隆隆"声。这个巨大的火球从东到西划过天空，很多澳大利亚人声称火球划过的地方留下一种像是酒精的气味，但肯定不是白兰地，总之气味很难闻。火球在墨尔本以北一个叫作默奇森的小镇上空爆炸，陨石碎块像雨点般洒落下来，最重的一块竟然有5千克多，幸好没有砸到人。在躲过了这轮"空袭"后，小镇上的居民们兴高采烈地捡起了天赐的礼物——一种罕见的碳质球粒陨石。要知道此时正值"阿波罗"号飞船刚刚从月球归来，全世界各大新闻媒体都在谈论着月球岩石标本什么的，对于这种天外来物，全世界都有一种罕见的热情。默奇森陨石很快就被不同的研究机构购买去，没过多久，惊人的消息便陆续传出：这些至少已经在宇宙中存在了45亿年之久的天外来物上面布满了氨基酸，并且种类繁多，超过了74种，其中只有8种是地球上已存在的种类。这绝对是一个惊天动地的发现，人类第一次在宇宙中找到了构成生命的必需物质，虽然氨基酸还不能称为生命，但找到了氨基酸就相当于找到了构成生命的"零件"，我们离发现真正的外星生命已经如此之近了。默奇森陨石的奇迹还没完呢，到了2001年，也就是陨石坠落30多年后，美国加州的艾姆斯研究中心宣布：

他们在默奇森陨石中发现了一系列复杂的多羟基化合物，也就是一种"糖"，而这种糖是地球上不曾发现过的，这是真正的外星糖。虽然，糖也不能称为生命，但它比氨基酸离生命又更近了一步。

自1969年默奇森陨石事件以来，又有几块碳质球粒陨石坠入地球，其中最著名的一块于2000年坠落在加拿大的塔吉什湖附近。这些陨石都一再地向我们证明，宇宙中实际上存在着丰富的化合物，生命的基本元素并不只在地球上存在。

图 17-1　在美国国家自然历史博物馆展出的默奇森陨石

接着，在人马座的那片分子云中又发现了大量的有机分子，那里就像一座巨大的宝库，不断带给科学家们惊喜。1974 年，科学家们发现这片分子云中存在着大量的乙醇分子，乙醇就是酒精啊！这片"酒精云"的乙醇分子总量据估算多达 8000 亿亿亿升，如果把地球掏空了来装这些宇宙美酒，那么需要 7000 多个地球才装得下。更有趣的是，他们还发现了相当多的有机分子都是在地球上从未天然产生过的，只能被人工合成出来。现在，我们已经在宇宙中找到了 120 多种星际有机分子，目前最重的一个有机分子是氰基辛炔 HC_9N，相对分子质量达到了 123。

十八
类星体

1960 年，有一颗被命名为 3C48 的恒星引起了美国天文学家桑德奇（Allan Rex Sandage，1926 — 2010）的注意。在一次偶然的光谱测定中，桑德奇发现这颗恒星的光谱与其他普通恒星的差异实在是太大了。3C48 号恒星的光谱中，在一个被天文学家们认为绝不应该的奇怪位置上，出现了几条又宽又亮的发射谱线。桑德奇把他的发现写成论文，通报给天文学圈子，希望大家都来看看这是怎么一回事。到了 1963 年，另外一个荷兰裔的美国天文学家施密特（Maarten Schmidt，1929 年生）也发现了一颗名为 3C273 的恒星具有同样的情况。看来，这种奇怪的现象还不是特例。经过一番仔细研究，施密特有了一个非常重大的发现。原来这些发射谱线就是人们早已熟知的氢原子的发射谱线，只是这些谱线朝着红光的方向移动了非常大的一段距离，这就意味着，这些恒星有着大得有点儿荒谬的红移量。这个发现让所有的天文学家都大大地吃了一惊，如果施密特的发现是对的，那就说明：这种恒星在以快到令人难以置信的速度远离我们而去。比如，3C48 号恒星的红移如果换算成退行速度，竟然高达光速的三分之一，而 3C273 也达到了光速的六分之一。因此，虽然在光学望远镜中它们看起来就像是一颗恒星，但它们肯定不是普通的恒星，在我们的银河系中不可能出现如此高速退行的恒星，它们距离银河系非常非常遥远，根据哈勃定律，它们距离我们至少也有几亿光年。天文学家们就把这种看上去像恒星但肯定不是恒星的天体称为"类星体"。

类星体一经发现，就激发了大量天文学家的好奇，人们纷纷把射电望远镜指向了已经发现的那些类星体。类星体最初是在射电波段中发现的，然而它在可见光波段、紫外波段、X 射线波段都有很强的辐射，射电波段的辐射只是很小一部分。大家想一下，类星体距离我们极为遥远，在这么远的距离下，它们的视亮度居然能达到银河系中普通恒星的亮度，可以想见它们真实的亮度得有多高。根据计算，这些类星体的辐射总功率远远超过了一个普通的星系，有的竟然是银河系的几万倍！所有的类星体都距离地球非常遥远，最近的几亿光年，最远的 120 多亿光年，这也就意味着类星体都是在几亿年以前产生的。而这也让我们擦了一把冷汗，如果在银河系附近几百万光年之内出现这么一个类星体，那地球可就遭殃了，它的辐射足以杀死地球上的每一个细胞。

因为类星体具有如此巨大的辐射，所以一开始天文学家们都认为类星体应该也是一个像星系一样的庞然大物，包含了成千亿甚至上万亿个天体，否则哪里来的这么高的亮度呢？可是，接下来的一个发现又让天文学家们大跌眼镜，在很短的时间内，也就是几天或者几周之内，这些类星体的光度（辐射强度）就会发生非常显著的变化。因为辐射的速度在星体内部的传播速度不可能快于光速，因而可以推定这些类星体的大小最多也只有几"光日"到几"光周"。这个发现把天文学家们都搞懵了，这么小的天体，怎么可能产生如此巨大的能量？在此后的几十年中，类星体的能量产生之谜都是天文学界最热衷探讨的宇宙谜题之一，即便是到了今天，我们也不敢说真正解开了这个谜题。

对类星体能量之谜的解释有很多，但目前主流的观点认为：类星体其实就是中心有一个超大质量黑洞的小型星系，这被称为"活动星系核"。在黑洞的强大引力作用下，附近的尘埃、气体以及一部分恒星物质围绕在黑洞周围，形成了一个高速旋转的巨大的吸积盘。在吸积盘内侧靠近黑洞视界的地方，物质掉入黑洞，伴随着巨大的能量辐射，形成了物质

图 18-1　类星体中心的物质喷流概念图

喷流。而强大的磁场又约束着这些物质喷流，使它们只能沿着磁轴的方向，通常是与吸积盘平面相垂直的方向高速喷出。如果这些喷流与观测者成一定角度，就能观测到类星体。

截至目前，人类已经观测到了20多万颗类星体。在2015年2月的《自然》杂志上，还报道了一颗由中国天文学家发现的超级类星体，距离地球128亿光年，它的发光强度是太阳的430万亿倍、中心黑洞质量约为120亿太阳质量，是宇宙中目前已知最亮、中心黑洞质量最大的类星体。

类星体就讲到这里，其实关于类星体的知识还有很多，我这里讲得比较浅。大家如果感兴趣，可以自己到网上搜索，相关的话题还有不少。

十九
脉冲星

1967 年，英国剑桥大学穆拉德射电天文台建造的一台英国最大的射电天文望远镜落成。这台超级巨大的射电望远镜采用了很多新型技术，接收面积达到 1.6 万平方米，差不多相当于 57 个网球场那么大。这台望远镜的灵敏度非常高，可以探测到来自宇宙深处的微弱信号。

这台望远镜从 1967 年 7 月开始正式投入工作，每天都会有大量观测数据。但那个时候，要存储这些数据不像今天那么方便，直接存在电脑硬盘中即可。那时只能用记录纸带记录观测数据，这台望远镜每天打印出来的记录纸足足有七八米长。

剑桥大学卡文迪许实验室的安东尼·休伊什（Antony Hewish，1924—2021）教授是这个项目的负责人，为了检测刚刚投入使用的这台超级射电望远镜是否运转正常，需要对数据记录做一些最基础的校验工作。这些基础工作很重要，但却非常烦琐，基本上属于体力活。休伊什教授叫来了他的一个研究生，24 岁的乔斯琳·贝尔·伯内尔（Jocelyn Bell Burnell，1943 年生）小姐。教授指着一堆长达 100 多米的纸带对贝尔小姐说："从今天开始，你每天就帮我分析这些纸带上的记录，按照我教给你的校验方法，仔细过一遍，千万不要有什么遗漏。"

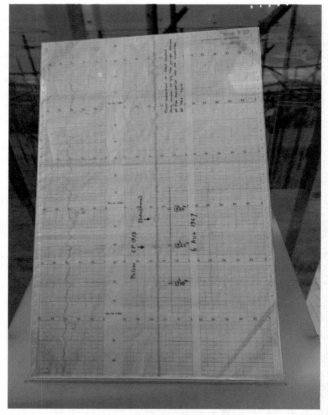

图 19-1　1967 年 8 月贝林小姐检查的纸带，当时已有不寻常的情况出现

　　休伊什教授在很多年以后都会庆幸自己选对了人，贝尔小姐具备一位研究者的耐心和细致（贝尔后来成为一位学术成就非凡的女性，当选为英国皇家天文学会的主席，在 2007 年晋升为大英帝国爵士），她非常认真地一厘米一厘米地分析纸带上的数据。到了 10 月的某一天，贝尔小

姐发现了一些不寻常的东西。

有一段几厘米长的记录引起了贝尔小姐的注意，这段记录表明，似乎有一个神秘的信号源每到子夜时分就会发生闪烁，而每天的子夜时分，射电望远镜正对着狐狸星座的上方，坐标是赤纬 23 度、赤经约为 19 度 20 分。贝尔小姐立即将这个情况报给了老师休伊什。

教授对这个来因不明的信号产生了浓厚的兴趣，他们怀着激动的心情，决定针对这个区域做进一步的详细观测。无线电信号呈现强规律变化，这应该是像人一样的智慧生命才能做到的，如果这些信号被证实是外星生命发送的，这绝对会成为一个震惊全世界的发现。11 月 28 日，自动化记录笔在纸带上绘出了一连串脉冲曲线，这个神秘的射电源发出的无线电脉冲波长是 3.7 米，每两个脉冲的间隔都等于 1.337 秒，精确得令人发指。教授震惊了，在努力排除了一切人为干扰等可能性之后，休伊什教授望着狐狸星座，心想可能是真的了，这些信号是外星人发出来的。他想到了在科幻小说中看过的名为"小绿人"的外星人，于是将这个神秘的信号正式命名为"小绿人信号"。

休伊什教授最开始认为，这是居住在一颗行星上的外星人发出的射电信号。这颗行星围绕着它的太阳公转，精确的公转周期引起了脉冲信号精确的周期性变化。但是教授又很快否定了自己这个浪漫的想法，哪有一颗行星 1.337 秒就绕自己的太阳转一圈？如果这样的话，那颗行星上的一年岂不是只有 1.337 秒？这简直太疯狂了。随着进一步观测发现，该脉冲宽度仅为 40 毫秒，据此算出发射出这种信号的天体的直径小于 20 千米，正是当时最新的恒星理论中预言的白矮星或者中子星的尺度。

到了第二年，有着超常毅力的贝尔小姐在长长的记录纸带中，又发现了 4 个同样性质的射电源。它们的共同特点是间隔时间非常短，只有

图 19-2　旋转的中子星（脉冲星）

几秒钟，频率都是 81 兆赫，这就更加排除了外星人的可能性。你说哪有那么巧，这么多的外星人全都刚好用 81 兆赫的频率，在宇宙中不同的地方不约而同地呼叫地球。

据后来的精密测量表明，他们观测到的脉冲信号是由该天体自转造成的。1968 年 2 月，著名的英国科学刊物《自然》杂志上，报道了休伊什教授观测到的来自天体的周期性脉冲射电辐射，其周期短而精确，为 1.3373011 秒，天文学家形象地将其命名为"脉冲星"。虽然休伊什教授没有找到外星人存在的证据，但是，他和贝尔小姐一起发现的脉冲星也足以让他们载入人类的天文学史册了。1974 年，休伊什教授获得了诺贝尔物理学奖。

后来，人们确信，脉冲星就是快速自转的具有强磁场的中子星。在这样的天体环境里，当然不会有任何生命存在，但是，脉冲星却是天文学上的伟大发现，是现代天体演化研究的一个巨大进展。

二十
哈勃的宇宙

宇宙微波背景辐射、星际有机分子、类星体、脉冲星这四项重大天文发现，都是在 20 世纪 60 年代借助射电天文望远镜发现的，它们对天文学的发展意义重大，并称为 20 世纪射电天文学四大发现。从光学望远镜到射电望远镜是人类观测手段上的一次质变，这种观测手段的质变带给我们对宇宙认识的质变。而望远镜的又一次质变马上又要到来。

自 20 世纪 50 年代人类的火箭把卫星送上天之后，天文学家们就在梦想着能不能把望远镜也送上太空，在太空中一睹宇宙的风采。地面上的望远镜无法避免地会受到地球大气的影响，就好像从水下望向水面之外的景物，所有的影像都扭曲了，因为光线会被水折射。同样的道理，地球大气也会折射光线，使地面上的望远镜拍摄的照片失真。于是从 1978 年开始，美国宇航局联合欧空局一起开始建造一台太空望远镜，并以传奇的美国天文学家哈勃的名字命名。这台长 13.2 米、口径 24 米、重 12 吨的庞然大物从外形上看就像一个"长了翅膀的手电筒"，总共耗资 15 亿美元。可是没想到，哈勃建成后就遇上了 1986 年美国"挑战者号"

航天飞机的失事，美国宇航局停飞了所有航天飞机，哈勃只得耐心地在仓库中待命，一直等到1990年4月24日。美国宇航局经过四年多的休整，终于迎来了"挑战者号"事故之后的首次发射，这次发射的航天飞机是"奋进号"，任务就是送哈勃上天。

哈勃太空望远镜被成功送入地球上空600千米的轨道上，然而，当哈勃拍摄的第一张照片传回来后，在场的科学家们几乎要崩溃了，这台被寄予厚望的太空望远镜拍出来的照片居然是模糊的！效果还不如地面上的望远镜。经诊断后确认，哈勃有严重的质量问题，镜片在磨制的过程中有误差，这个误差是1.3毫米，就是这么一点点误差导致哈勃患上了极为严重的"近视"。这个事件在美国民众中引起了轩然大波，人们纷纷指责美国宇航局用纳税人的血汗钱制造了一个史上最贵的太空垃圾，甚至有媒体把哈勃与泰坦尼克号悲剧并列，可见这次事故在当时的影响有多大。有一家媒体的评论是这样的："如果埃德温·哈勃知道这个以他的名字命名的望远镜竟是这副德性，恐怕会在坟墓里气得打滚吧？"好在美国宇航局化悲痛为力量，忍辱负重，三年之后居然神奇地给哈勃装了一副眼镜——增加了一组"矫正镜片"。视力恢复后的哈勃开始显示出它无与伦比的强大力量，它将颠覆整整一代天文学家的观念，把人类对宇宙的认知再次往前推进一大步。

1995年12月18日，看上去是平凡的一天，一个来自美国的天文研究小组租用了哈勃望远镜，他们要选择一个颇受争议的天区进行观测。大家要知道，全世界的天文学家都在争相排队租用哈勃，每个人都认为自己要观测的那个位置是最重要的。可这次的观测区域却让许多人大跌眼镜，因为这次要观测的区域是一块"黑区"，并且还是全天中最黑的"黑区"。这是什么意思呢？顾名思义，就是天空中一块看似

图 20-1　哈勃太空望远镜

什么也没有的黑黑的区域。这个区域的大小仅仅只有 144 弧秒，只占整个天区的 2400 万分之一。这相当于你站在 100 米开外看一个网球的大小，不仅如此，而且一下子就租用了整整 11 天。不少天文学家就吐槽，NASA 怎么能批准这样一次不靠谱的观测计划呢？他们中有很多人预言，11 天看下来，在那个黑区中啥也看不到，最后会成为一个笑柄，浪费哈勃宝贵的工作时间。

在一片质疑声中，哈勃太空望远镜把镜头聚焦到了那片位于大熊座的黑区上，从 12 月 18 日一直观测到了 12 月 28 日。这 11 天中哈勃绕着地球转了 150 圈，在四个不同的波段上整整曝光了 342 次。在宇宙中穿行了 100 多亿年的光子一颗一颗落在了哈勃极为灵敏的感光元件上。谁也没想到，这些光子组成的图像将让全世界的天文学家接受一次革命式的洗礼。

这 342 张图像最后合成的照片被称为"哈勃深空场"，这恐怕是人类天文学史上到目前为止最为重要的一张天文照片，没有之一。下面我就把这张照片贴出来让你看看：

如果你完全没有看明白这张照片的震撼之处，其实很正常，如果不解释，非专业人士谁也看不出这张照片有多厉害。让我来为你解释一下这张照片的奥秘。在这张照片中，每一个光点，哪怕是最暗弱的一个光点，都不是一颗星星，而是一个星系，一个像银河系这样包含了上千亿颗恒星的星系！在这么一个全天 2400 万分之一的区域中，哈勃就拍摄到了超过 3000 个星系，这真是令人"细思极恐"。

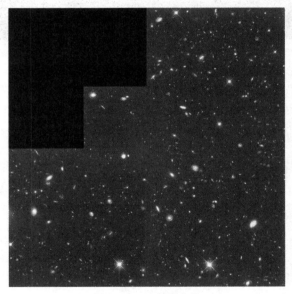

图 20-2　哈勃深空场

　　宇宙中星系的分布密度是均匀的，这早已被证实了。那么根据哈勃深空场包含的星系数量就可以推测出，宇宙中可观测到的星系总数将超过 1000 亿个，这实在是多到令人"恐怖"的程度。如果我们的银河系在宇宙中是一个中等大小的星系的话，而宇宙中平均每个星系包含 1000 亿到 2000 亿颗恒星，则宇宙中恒星的总数量就相当于地球上所有沙子的数量，包括所有沙漠和海滩上的沙子。虽然令人难以置信，但这确实是观测事实。

海量的星系照片让天文学家对银河系的演化研究找到了第一手资料。为什么我会说其他星系的照片是研究银河系的第一手资料？因为宇宙学原理。我们先来讲讲这个宇宙学原理，这是现代天文学家研究宇宙天体演化所依据的基本原理，它的核心概念就是俩字——平庸，就是说我们在宇宙中所处的位置和演化的阶段都是平庸而无任何特殊之处的。

用我的话来解释，这个原理隐含着一个推论：同一个星系的多个时间断面，与多个星系的同一个时间断面是等价的。这句话说得可能有点儿不够通俗，我得解释一下。比如我们要研究某个细菌的一生，不需要盯着一个细菌连续不断地拍摄，只需要对着一片细菌拍一张照片，那么这张照片中就会包含细菌们在各个年龄阶段的形态，因为我们知道所有的细菌演化过程都是差不多的。如果外星人要研究人类从出生到死亡全过程的身体形态变化，也不需要跟踪一个人的一生，他们只需在同一时刻给大量的人类拍张照片，只要样本数量足够，就能够看到从婴儿到老人的所有形态。

这里隐含的一个假设前提，就是每个人的演化过程基本上是一样的，因为从形态的角度来说，每个人都是平庸的，并不会有本质上的差异。于是，我们研究星系的演化，也可以应用这个原理，只要在同一时刻拍到的星系数量足够多，就能分析出一个典型星系的演化过程。

因此，通过观察众多别的星系的不同形态，就能了解自身银河系的过去与未来。最新的观测数据表明，我们的银河系正在与仙女座大星系互相接近，几十亿年以后，会与仙女座大星系"相撞"，那么相撞之后会发生什么？除可以用计算机模拟以外，还可以通过研究其他宇宙中星系相撞后的形态，与我们的模拟结果互相验证。这样得出的结论是：最终两个星系会结合成一个更大的棒旋星系。实际上我们的银河系也是一个棒旋星系，是两个漩涡星系合并的结果。

因哈勃太空望远镜的上天，人类对宇宙的研究提升了一个层次，在此之前，基本上是以研究恒星来认识宇宙，而在此之后，则得以通过研究星系来认识宇宙。这种研究方法上的本质飞跃，必将带来认识上的飞跃。但是接下来的两个新发现，却给自信满满的天文学家们迎头浇了一大盆凉水。原以为已经基本了解宇宙的人类突然发现，我们对宇宙的了解其实只是宇宙的一小部分，神秘的宇宙只不过是向好奇的人类稍稍拉开了大幕的一小角而已。

图 20-3　哈勃太空望远镜拍摄到的一个棒旋星系 NGC 1300

二十一
暗物质

《三体》的作者刘慈欣写过一篇科幻短篇小说叫《朝闻道》，在这篇小说中，他写了一个普通人几乎很难理解的故事。有一天，一个文明程度远超地球文明的外星文明降临地球。外星文明给地球人一个机会，每个人都可以问他们一个科学上的问题，并且保证地球人一定能得到正确的答案，但只有一个条件：得到答案以后马上去死！说到这里，估计你马上就明白了小说标题的含义，子曰："朝闻道，夕死可矣！"而小说里面还不是夕死，是立即就死。

对于大多数人来说，这似乎是不可理解的，难道真有人会为了一个科学问题的答案而放弃生命吗？人都死了，知道答案又有什么意义呢？但是，我却能深深体会到这个故事的意义。我坚信这个世界上绝对有这么一群科学家，就是"朝闻道，夕死可矣"的人。在人类的基因中，有一种叫作好奇心的生物编码，每个人都有，只是多少强弱的区别而已，有些人的好奇心已经强到可以为揭开谜底而放弃生命。而历史上，正是这样的一群好奇心最强的科学家，把人类对宇宙规律的认识提升到了一个又一个崭新的高度，他们探索自然规律的最大动力，就是好奇心。如果刘慈欣小说中的场景真的出现在地球上，我可以保证会有很大一批天文学家、物理学家为了一个问题而放弃生命，而这个问题就是：暗物质到底是什么？

暗物质这事还得从 1932 年说起。当时荷兰有一位著名的天文学家叫作奥尔特（Jan Hendrik Oort，1900 — 1992），你可能听过"奥尔特云"

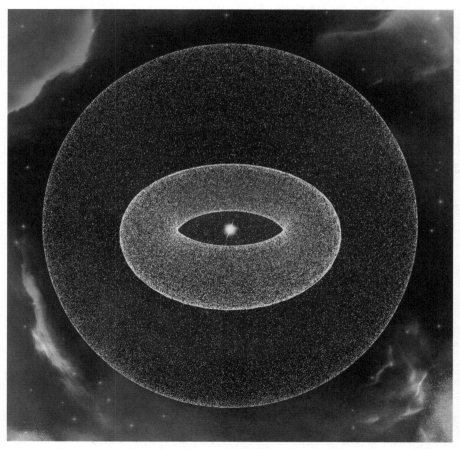

图 21-1　奥尔特云的概念图

这个词，对，就是这个奥尔特。他在极其有限的观测条件下，隐约发现一件事情不怎么对头，什么事情呢？就是银河系的自转似乎不太符合牛顿力学。

大家知道，太阳系以太阳为中心，好多行星绕着太阳转，离太阳越远的行星转得越慢，比如火星比地球距离太阳更远，它的一年就是687天，这个现象完全可以用牛顿的万有引力公式推导出来。但是奥尔特隐约发现，银河系外侧的恒星运动速度似乎与靠近银心的恒星运动速度没有什么大的差别。

这事就很奇怪了，难道对于整个银河系而言，牛顿的万有引力不适用了？这里我要说明一点，虽然爱因斯坦的广义相对论对牛顿的万有引力公式做出了修正，但并不是说牛顿的公式就错了，在计算太阳系行星的运转周期和整个银河系的自转规律时，对精度要求不是极高的话，牛顿的公式足够用了。

实际上，美国宇航局发射火星探测器也只需要用到牛顿公式，登陆误差仅仅是1秒钟而已，因此大家不要认为爱因斯坦"推翻"了牛顿，"推翻"这个词可不能随便使用。即便再过1亿年，只要人类还生活在这个宇宙中，牛顿公式就依然会被频繁使用。

奥尔特的这个发现虽然发表了出来，但刚开始并没有引起太多人的注意，因为当时的观测条件确实很有限，连奥尔特本人也没有对此问题深究下去。不过，我们仍然要把第一个窥探到暗物质的荣誉颁给奥尔特。

又过了一年，1933年，在美国加州理工学院有一位叫作兹维基（Fritz Zwicky，1898—1974）的年轻天文学家，正在着迷地研究后发座星系团。那一年他35岁，刚刚结婚。虽然兹维基并不知道前一年奥尔特的那个困惑，但他居然遇到了与奥尔特几乎相同的困惑。

为啥他们一个研究银河系、一个研究后发座星系团，却会遇到几乎相同的困惑呢？这里要稍稍费一番口舌了。

　　后发座星系团位于狮子座附近，由差不多1000多个大星系组成（今天我们知道还包含了几万个小星系），是一个巨大的星系团。兹维基试图测算出这个星系团中星系的平均质量，有两种方法可以测算。一种为"动力学质量"，要用到一个叫位力定理的公式。这个定理也是基于牛顿的万有引力定理推导出来的，比较麻烦一点，需要先测出星系团中星系之间的相对运动速度，然后套几个公式，最后就能估算出该星系团中星系的平均质量了。

　　还有一种方法为"光度学质量"，这个比较好理解，就是先测量星系的亮度，然后就可以估算大约需要多少物质，才能发出这样的亮度来。按理说，用这两种方法测算出来的星系平均质量应该差不多在同一个数量级上，但兹维基计算的结果是"动力学质量"居然比"光度学质量"大了160多倍！虽然我们今天知道兹维基低估了后发座星系团离我们的距离，从而低估了星系的质量，但是即便是按照今天的数据，两种质量的比值依然大得离谱。

　　兹维基看到自己的计算结果后，呆呆地出神，他也冒出了和奥尔特同样的一个疑问：难道牛顿定理在后发座星系团失效了？但他很快就想到，也许还有一个更合理的解释：会不会是在后发座星系团中存在着大量不发光的物质呢？这个解释听上去合理多了，而且后发座星系团距离地球足足有3.5亿光年之遥，有一些物质不发光，或者发光很微弱，在地球上根本观测不到，这也是很合理的。

　　于是，兹维基就在论文中猜测，在后发座星系团中包含大量暗物质，也就是不发光或者相对很暗的物质，而且这种物质占到了该星系团中物质总量的 99%。这是"暗物质"这个词第一次出现在学术论文中，但兹维基并没有觉得这个猜测有多么了不起，或者根本就没有意识到，他无意中触碰到了一个宇宙的惊世之谜。

只过了一年，兹维基的注意力就完全被宇宙中的另外一种迷人天体"超新星"吸引过去了，"supernova"这个词也是他和别人一起发明的。暗物质是宇宙中最暗的，而超新星则是宇宙中最亮的，在直觉上当然是研究亮的比暗的更有趣，于是兹维基就把暗物质丢在了一边，转头研究超新星去了。这一搁置，就是 50 多年没人理会，而兹维基在 1974 年去世，没有等到自己提出的暗物质惊动全世界的那一天。后面又发生了什么呢？

美国有一位女天文学家叫鲁宾（Vera Rubin，1928—2016），在二十世纪六七十年代，女性天文学家是很少的，鲁宾选择了在天文学研究中不是那么热门的星系自转曲线。在鲁宾做研究的那个年代，天文观测设备已经取得了长足的进步，因而观测精度也大大提高。

鲁宾在研究银河系的转动时，和奥尔特一样，产生了一个巨大的困惑，是什么呢？就是我前面说的，银河系外侧的恒星绕银河系中心转动的速度，比用理论推算出的数值大了太多。这一发现让鲁宾大惑不解，也激发了她深入研究的兴趣，这一研究就持续了十几年。

她取得了大量翔实的观测数据，又做了仔细计算。鲁宾发现，如果要维持银河系目前的转动速度，又不让银河系分崩离析，银河系的总质量必须远远高于目前已经观测到的所有可见天体的质量。

我还是怕有的读者看不太明白，多解释一句：如果我们用沙子捏一个陀螺，然后把这个陀螺旋转起来，转速一快，沙陀螺肯定会散架，因为沙子与沙子之间的结合力不足以维持向心力。要想让沙陀螺不散架，就得拿胶水和在沙子里面。如果把银河系想象成一个沙陀螺，那么万有引力就是胶水，这个胶水的强度决定了陀螺的转速最高能到多少。

现在，我们已经观测到了银河系的转速，就能反算出总的引力大小，进而算出银河系的总质量。鲁宾确定无疑地发现，计算值远大于观测值，银河系的大部分质量"丢失"了！于是，1980 年，她和同事发表了一篇论文，详细描述了他们的发现。这是天文学史上第一篇有关暗物质的重量级论文，影响很大。也是从那时候开始，天文学家们蜂拥而至，纷纷开始研究这部分丢失了的质量到底是什么东西，提出了一个又一个的假说，好不热闹。

不过鲁宾的发现只能算作暗物质存在的间接证据，真正的第一份直接证据出现在 2006 年。那一年，以道格拉斯·克洛为首的几位美国天文学家，利用钱德拉 X 射线望远镜对星系团 1E0657-56（又称子弹星系团）进行观测时，无意间观测到星系碰撞的过程。星系团碰撞威力巨大，使暗物质与正常物质分开，因此发现了暗物质存在的直接证据。

那么暗物质到底是什么？目前在天文学界并没有一个令人信服的解释，所有人都在猜。主流的观点认为暗物质应该是一种微观粒子，而这种微观粒子除产生引力效应外，几乎不与其他已知的粒子发生任何作用，它们被称为弱相互作用大质量粒子（WIMP）。时至今日，暗物质依然是物理学界和天文学界共同研究的两大谜题之一。为了寻找到它的蛛丝马迹，各国科学界都投入了巨大的人力、物力，花费巨资建设了许多工程浩大的实验设施设备，有的建在深深的地下，有的被发射到太空，我们国家也在 2015 年 12 月 17 日发射了一颗名为"悟空"的暗物质探测卫星。但直到目前，暗物质依然是迷雾一团，等待着人类去揭开它的神秘面纱。关于暗物质，如果要展开去讲，足够写一整本书了，但本书毕竟是人类的整体天文学史话，就蜻蜓点水讲到这里。

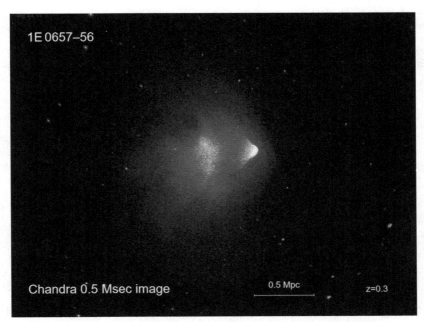

图 21-2　观测星系团 1E0657-56，无意中捕捉到的星系碰撞画面

　　根据目前最新的观测数据（主要来自欧空局普朗克卫星 2015 年发布的数据）计算表明，宇宙中的可见物质，也就是我们所有能观测到的物质，只占整个宇宙总质能的 4.9%，暗物质占到了 26.8%。那么，宇宙的另外 68.3% 又是什么呢？它就是当今天文学界另外一个不解之谜——暗能量。

二十二
暗能量

要把什么是暗能量说清楚，可要比解释暗物质更麻烦，大家需要点耐心，我们需要回到1917年。这一年，爱因斯坦已经发表了广义相对论，基本上奠定了他在物理学界的武林盟主地位。但是这一年爱因斯坦却陷入了严重的焦虑，为啥呢？因为他在深入研究了广义相对论的方程式后发现，如果要让宇宙满足自己这个方程式，就不可能是一个稳恒态的宇宙，只能是要么收缩，要么膨胀。爱因斯坦被自己亲手得出的这个计算结果震惊了，晚上连觉都睡不着。在爱因斯坦那个年代，人类对天文学的认知还仅仅停留在银河系内，当时的天文学家认为银河系就是整个宇宙，宇宙的尺度大约是10万光年的量级。爱因斯坦毕竟不是天文学家，他对宇宙的认知也局限于当时天文学的普遍认知。

爱因斯坦一边看着手中的方程式，一边抬头仰望苍穹，看着满天繁星。他知道头顶上的这些星星已经存在了亿万年，在有历史记录以来，星空都是同样的景象，北斗七星的勺子在大熊座上指引了人类上百年的航海史，就像一个忠于职守的灯塔老人，从来没有出过一次差错。这个深邃而美丽的宇宙始终给人以一种沉着、稳定、永恒的精神力量。现在，在我手中的这个方程式里，宇宙不再是那个忠于职守的灯塔老人了，它居然是不稳定的，要么收缩，要么膨胀，这怎么可能呢？

爱因斯坦怎么也无法接受这种结论，宇宙博大和深邃的宁静深深地震撼着他的内心。于是，爱因斯坦拿起笔，在方程式中人为地增加了一个"常数"。有了这个人为添加进去的常数，宇宙就是一个稳态的宇宙了，既不会膨胀，也不会收缩。爱因斯坦长舒了一口气，合上本子，终于可以美美地睡一觉，做一个好梦了。

但是，这毕竟是人为添加进去的常数，虽然让他睡安稳了几天，但总感觉自己是在掩耳盗铃。于是，他给当时一位著名物理学家德西特写了一封信，大意是说：广义相对论的方程式从数学上来说，是允许我添加一个宇宙学常数的，以此抵消宇宙的膨胀。但如果有一天，当人类拥有了足够的技术后，就可以对星体进行精确的测量，从而确定宇宙学常数到底是不是零。在信的结尾，爱因斯坦还说了这么一句："信念（指的就是他对宇宙稳恒的信念）是一种很好的动机，但不是一种好的判断方法。"

我们在前文中已经看到，十多年后，哈勃的发现粉碎了爱因斯坦的信念：我们的宇宙正在膨胀，爱因斯坦那个用于抵消宇宙膨胀的常数看来是多余的。为此，爱因斯坦还专门跑了一趟美国的威尔逊山天文台，亲自去看了一下哈勃的工作，万一这个哈勃搞错了呢？结果这一趟跑下来，爱因斯坦彻底服气，哈勃确实是一个严谨细致、训练有素的科学家，弄错的可能性几乎为零，所以他不得不亲手把那个宇宙学常数改为零。这并不奇怪，一个科学上的重大观念可不管你是不是什么盟主或权威，不管你是牛顿还是爱因斯坦。科学理论和发现要的是能够重复验证，你说你通过观测发现了什么，那么好，把方法拿出来让全世界的科学家们都来验证就是了。经得起验证的结论自然就能被科学共同体接受，反之，再大的权威也不顶事。就这样，宇宙膨胀这个结论经受住了全世界的科学检验，哈勃定律也经受住了考验，我们的宇宙确实在膨胀。

那么接下去很自然地就生出一个问题：宇宙会不会一直这么膨胀下去呢？这绝对是一个能引起巨大好奇心的问题。当时的天文学家一致认为，宇宙应当是减速膨胀的。因为万有引力的存在，所有天体都是互相吸引的，当然会把膨胀的速度一点点地拖慢。但是，请大家注意，减速度不代表膨胀一定会停止。经过计算会发现：宇宙膨胀的减速度如果足够大，过了一个临界点，就会逐渐停止膨胀，然后开始收缩，进入大塌缩状态，相当于是大爆炸的反过程。刘慈欣的科幻小说《塌缩》里有段描述，就是写宇宙从膨胀到塌缩的那个瞬间会发生什么。有兴趣的话可以去看看，也很烧脑。但是，如果宇宙膨胀的减速度很微弱，达不到那个临界值，那么我们的宇宙就会像人类发射的空间探测器能脱离地球的引力束缚那般，一直膨胀下去，永远停不下来。因此，当时的天文学家全都同意，宇宙的命运取决于膨胀的减速度到底是多少。不过，只有非常非常精确的测量才能解答这个问题，技术难度极高。

但是，英勇无畏的科学家当中，总会有人站出来发起挑战。在 20 世纪 90 年代，有两个各自独立的团队几乎同时向这个宇宙终极命运问题发起了冲击，其中一个团队由美国劳伦斯伯克利国家实验室的珀尔穆特（Saul Perlmutter，1959 年生）领衔，成员来自七个国家，共有 31 人，阵容强大；另一个团队则由哈佛大学的施密特（Schmidt）领衔，也是一个由 20 多位来自世界各地的天文学家组成的豪华团队。这两个团队开始了暗中较劲，他们的目标一致，采用的测量方法也几乎完全一样。

接下来的一个问题是：如何才能测量出宇宙膨胀的减速度呢？原理非常简单，就是先测量出不同时期宇宙的膨胀速度，再比较一下差异，稍加计算，就能算出减速度了。但具体要怎么做呢？好在我们的宇宙中充满了无数的星系，这些星系就像宇宙大气球中的无数个坐标点。由于光速是恒定的，那么距离我们越远的星系，距离大爆炸的时刻越近。比如，仙女座大星系距离我们 250 万光年，也就意味着，我们看到的仙女座大星系的光差不多就是 250 万年前发出来的。这里我为什么要加上"差不多"三个字呢？因为大多数人都有一个常见的误解：比如一个星系距离我们 10 亿光年，那么我们看到的是不是它 10 亿年前的样子？不是，因为宇宙在膨胀。我们有时候会在资料中看到一个古老的星系距离我们 400 亿光年，但是我们宇宙的年龄才 138 亿岁啊！显然这个古老星系不可能有 400 亿岁，它的年龄一定是小于 138 亿岁的。这是因为，这个古老星系的光子在飞向地球的同时，这个星系本身也在不断地远离地球。当这些光子飞行了 130 亿年，终于到达地球时，古老星系离地球的距离早就超过了 130 亿光年。

我说到现在，重点是想告诉你，我们只要能测出遥远星系的距离，就相当于知道了宇宙气球上这个坐标点在时间轴上的坐标，如果再测量出这个坐标点的膨胀速率，就能画出一根宇宙随时间变化的膨胀速率曲线。看来，关键性的第一步是要找到测量遥远星系距离的方法。这个问题怎么破？如果你记性好的话，或许还记得我之前曾经讲过两种天文测距的方法：一种是三角视差法，另一种是造父变星法。但是视差法最多只能测出几百光年的距离，而造父变星法虽比视差法的测距范围提高了一万倍，也无非提高到了百万光年的数量级，要测量动辄几十亿光年外的遥远星系的距离，这两种方法全都不管用了。好在，天文学家又找到了第三种方法，这就是超新星测量法。

　　我们在讲"恒星不恒"那段的时候曾经提到过超新星，它是夜空中凭空出现的一颗新星，1572年11月11日就曾经出现过一颗，后来被命名为"第谷超新星"。超新星其实就是一颗恒星出于某种原因突然爆炸后的产物，其亮度会突然增加几亿倍，甚至能超过整个星系发出的亮度。超新星的种类有好几种，其中有一种被称为Ia型（I是罗马数字一）超新星，这种超新星的爆发过程是这样的：首先必须是在一个双星系统中，也就是两颗离得很近，且互相绕着转的恒星。当其中一颗恒星的燃料慢慢烧完后，就会成为一颗基本不发光的白矮星，这颗白矮星个头很小，但是密度极大，它会把身边那颗恒星上的物质一点点吸到自己身上，使自己的质量逐步增加。当这颗白矮星的质量增加到太阳质量的1.4倍后，它就会无法支撑自身的重量，于是，臃肿的白矮星崩溃了，导致一场非常激烈的爆炸，这场爆炸释放的光足以与一个星系中1000多亿颗恒星发出的光的总和相抗衡。这种Ia型超新星，在一个典型星系中，平均要几百年才会出现一颗，或者换句话说，在几百个星系中，平均每年会出现一颗。宇宙中的星系数量超过1000亿，因此要寻找这种超新星不算太难，它们一旦爆发，会使得所在的星系亮度突然增加。一旦某个星系中诞生了这样一颗超新星，天文学家们就能测出这个星系与我们的距离。这是因为，Ia型超新星都是经过了同一个物理过程而爆发的，所以它们的真实亮度都一样，当观测到它们时，测量一下它们的视亮度，再根据亮度与距离的平方成反比的规律，就能算出它们的距离，这种方法也被称为"标准烛光法"。

　　珀尔穆特团队的计划叫作"超新星宇宙学计划"，而施密特团队的计划叫作"高红移超新星搜索队"，两个计划名称中都含有"超新星"一词，

图 22-1　标准烛光法示意图

是因为他们采用的天文测距方法都是通过这种 Ia 型超新星来完成的。如果你看到这里有点晕了的话，我再次提醒你，测量距离的目的是确定这个星系代表的坐标点的时间坐标。如果测得某个星系距离我们 100 亿光年，扣除因为宇宙膨胀而额外增加的距离，就能得出光实际走过的距离，再除以恒定不变的光速，就能得出这个星系的真实年龄。这就好像我们走在机场的自动人行步道上，你在走的同时，人行步道也在前进，所以要计算你走过的时间需要同时考虑两个速度。不过，在实际的计算中，扣除宇宙膨胀的影响其实要用到比较复杂的数学技巧，并不是很多人以为的那样简单的四则运算就可以搞定，但对于我们这些业余天文学爱好者来说，也不必去深究具体的计算方法，知道原理就好了。

　　就这样，我们得到了星系坐标点的时间坐标，这个可以作为横坐标。那么，要完成宇宙膨胀速率的曲线图，还需要一个纵坐标，就是宇宙的膨胀速率值。如何才能得到这个数值呢？破解问题的关键就在于光的颜色。前面我们在"膨胀中的宇宙"一节中曾经提到过星系的红移现象，这里要再次提到红移。

因为宇宙在不断地膨胀，所以穿行在宇宙中的光的波长也会被不断地拉长，拉得越长，光就会变得越红。因为已经知道了 Ia 型超新星爆发的精确物理过程，所以就能算出这种超新星发出的光的原始波长是多少，用这个原始波长与实际测得的波长一比较，就可以算出光波被拉长了百分之多少。你把宇宙想象成一块有弹性的布，光是穿在这张布上的丝线，丝线被拉长了百分之多少，就代表宇宙膨胀了百分之多少。换句话说，如果我们测得一颗超新星的光波被拉长了 10%，那么现在的宇宙就要比这束光刚发出的时刻大 10%。这种数据积累得越多，就越能精确地测算出宇宙膨胀的速率。在那场观测比赛中，两个团队采用的方法都是先用大视野的广角望远镜同时监测数以千计的星系，基本上每天晚上都能定位到几十颗 Ia 型超新星爆发，然后再换用更传统的望远镜仔细测定红移大小。与很多普通人的想象不同，绝大多数时候，天文学家们的工作是极为枯燥和烦琐的，测定超新星这个工作就是极为典型的枯燥和无趣，还需要超高的耐心和细心。

两个研究团队并没有任何交流，以保持各自数据的客观独立性。随着两个独立研究团队的工作推进，这两个团队都变得越来越惊讶。还记得吗？他们最初研究的初衷是测量宇宙膨胀的减速度，可是，观测数据积累得越多，他们的嘴却张得越大，因为，宇宙似乎与他们预想的膨胀模式完全背道而驰。

经过四年多慎重的观测、复查、再次复查后，施密特领导的高红移超新星搜索队于 1998 年率先公布了他们的研究结果：一张让全世界天文学家大跌眼镜的宇宙膨胀速率随时间变化的曲线图。这根曲线显示，宇宙在大爆炸后的前 70 亿年，膨胀速率确实如预期的那样一直在逐渐减慢，但是就在大约 70 亿年前的某个时刻，不可思议的大事发生了：曲线在即将变平的时候突然开始上翘，就好像有人开着车从踩刹车改为踩油门一般，这根曲线一直上翘到今天。宇宙的膨胀速率不仅没有减速度，反而有加速度。

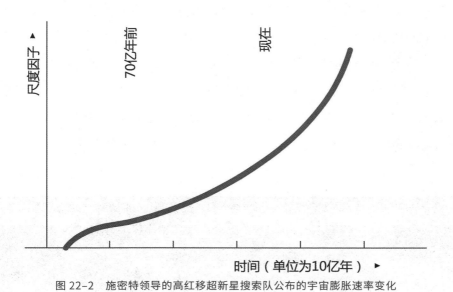

图 22-2　施密特领导的高红移超新星搜索队公布的宇宙膨胀速率变化

　　到了 1999 年，珀尔穆特的超新星宇宙学计划团队也公布了他们的研究结果，在完全独立工作的情况下，他们的研究结论与施密特团队的结论惊人地一致。

　　就这样，50 多位优秀的天文学家用了四年多的时间，向全世界宣布了一个不可思议的消息：宇宙正在加速膨胀！在科学上有一个全世界都认同的原则，那就是特别惊人的观点需要特别惊人的证据。宇宙加速膨胀的这个观点足以惊动全世界，因此，尽管两个团队公布了所有的观测数据和他们的研究方法，但要让全世界的科学家接受依然不够。在这之后，世界各地的天文学家们又进行了大量的独立观测、验证，包括 COBE、WMAP 和普朗克卫星都对这个结论做了不同程度的观测验证。到今天为止，宇宙加速膨胀已经成为一个经受住严苛检验的事实而被科学共同体接受。2011 年的诺贝尔物理学奖，就颁给了施密特和珀尔穆特，以表彰他们的这个重大发现。

这个现象的确认，马上带来一个巨大的困惑，就好比你向上抛起一个球，这个球不但不减速，反而还加速上升，你必然会断言：一定有什么东西在推动它飞离地球，逃脱地心引力。而爱因斯坦提出的那个为了抵消宇宙膨胀而引入的宇宙学常数，正是在理论上能够产生斥力，对抗

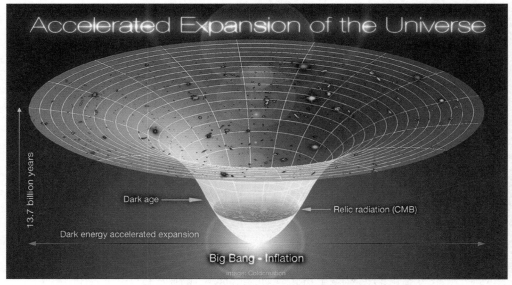

图 22-3　大量的独立观测证据表明：我们所处的宇宙正在加速膨胀

万有引力的东西。于是，宇宙学常数又重新成为万众瞩目的焦点。这个情况，如果爱因斯坦地下有知，不知道又该作何感想。为了让宇宙学常数的概念更易于理解，芝加哥大学的宇宙学家、物理学家迈克尔·特纳（Michael S. Turner，1949 年生）教授发明了一个词——暗能量（Dark Energy）。这个词一下子就流行开来，因为确实很生动、形象，又充满神秘感，就好像有一种未知的黑暗力量在推动着我们的宇宙加速膨胀。

虽然，人类现在对暗能量的了解少得可怜，但也不是一无所知。根据已经观测到的事实，科学界目前对暗能量的推测是这样的：它是由空间本身产生的一种排斥性引力，而且均匀地弥漫在所有的空间中。这个排斥性引力非常非常小，到底有多小呢？根据质能方程，我们可以将能量转换为等效的质量来理解。超新星观测数据要求宇宙学常数小于 10^{29} 克每立方厘米，也就是一万亿亿亿克分之一克／立方厘米。这个数字太小，你没概念，打个比方，就好像在一个地球那么大小的空间中含有一滴雨滴的质量。在宇宙刚刚诞生的前 70 亿年内，由于物质与物质靠得比较近，因此暗能量产生的推动力小于万有引力所产生的吸引力。但随着宇宙的膨胀，其密度变得越来越小，最终使暗能量占了上风。请记住一点，暗能量与万有引力刚好相反，物质之间的空间越大，暗能量反而越强，因为宇宙学常数不会被稀释，它是空间的一种固有属性，相同单位大小的空间都具有相同大小的外推力，这也是由爱因斯坦的广义相对论方程所决定的。因此，两个天体间的距离越远，宇宙膨胀将它们推开的作用力也就越强。大约在 70 亿年前，暗能量在与万有引力的对抗中取得胜利，从那时开始，宇宙就开始加速膨胀了。

有一些科学家认为暗能量是空间的一种固有属性，或者说是广义相对论方程中的数学需要，就好像光速不变一样，是宇宙的一个基本公理。

既然是公理，就无须问为什么，也不需要证明。但这种解释让另一部分科学家很不满意，因为人类有一种打破砂锅问到底的本能，凡事都希望能找到一个原因。这些科学家试图通过量子理论，在微观上找到解释暗能量产生的原理，他们建立了很多模型，但基本上都是各执一词，理论对理论，都缺乏证据的支撑。经常在网上讲物理科普的中科院研究员李淼教授曾经开玩笑说："有多少暗能量专家，就会有多少种暗能量模型。"这确实是目前理论界的现状。暗能量实在太微弱，我们还不具备在实验室中直接观测到它的能力，现在唯一的研究手段就只能通过对超新星的观测，来从宏观上研究暗能量，但有一点是可以肯定的，暗能量是当今物理界和天文学界最令人着迷的两大谜题之一，也是最前沿的科学问题。1979 年诺贝尔物理学奖得主斯蒂芬·温伯格（Steven Weinberg，1933—2021）说过："如果不解决暗能量这个'路障'，我们就无法全面理解基础物理学。"著名华裔物理学家、1957 年诺贝尔物理学奖得主李政道也断言，暗能量将是 21 世纪物理学面临的最大挑战。

暗能量的发现产生了一个让我们很焦虑的问题：宇宙将会一直这么膨胀下去，永远停不下来，而且河外星系相对于我们的退行速度只会越来越大。如果按照这个趋势发展下去，那么几千亿年以后，银河系附近的所有星系相对于我们的退行速度都会大于光速。换句话说，它们发出的光永远也到不了银河系，都会退出我们的宇宙视界，进入一个我们从理论上永远也看不到的区域。想象一下，几千亿年以后的智慧文明再来观察宇宙，它们会得出孤岛宇宙的结论，整个宇宙就只有银河系这一个孤岛，除此之外就是无边无际的黑暗。这个结论实在是令人感到非常不安，虽然我可能连一百年都活不到，但是我依然对宇宙的命运感到难受。其实，同样持这个想法的科学家很多，他们试图找到宇宙不会一直这么膨胀下去，避免大撕裂命运的证据和理论模型。当然，大多数人可能会觉得这些宇宙学家真无聊，几千亿年后的宇宙关我们啥事啊，有什么好研究的？但我想说的是，好奇心驱动着人类文明的发展，正是这种纯粹出于好奇的研究，才塑造了科学精神中的探索精神，才让我对人类这种伟大的智慧物种充满自豪感。好奇心很可能也是亿万年自然选择的结果，它对人类的生存繁衍起着至关重要的作用。从另一方面来说，人类也是极为幸运的，我们生活在一个能看到几千亿个河外星系的宇宙中，在太空望远镜中的宇宙，是一个千姿百态的宇宙。用一点诗意的语言来描写就是：我们生活在一个百花绽放的年代，在所有的花儿枯萎之前，让我们尽情享受它们的千娇百媚吧。

暗能量的发现为人类 20 世纪天文大发现画下了圆满的句号，但这并不意味着天文新发现的脚步就此停止。当人类昂首迈进 21 世纪没多久，一项重大的天文新发现，就像一块石头突然被扔进湖水，沉寂了 40 多年的射电天文学又迎来了一拨新的高潮，中国人也将重新回到天文大发现的第一线，成为人类天文探索活动中的主力军。

二十三
快速射电暴

2007 年年初的某一天，美国西弗吉尼亚大学物理系的一位本科生戴维·纳尔科维克（David Narkevic）小心翼翼地敲开了导师邓肯·洛里默（Duncan Lorimer）办公室的门，他手里拿着一张射电望远镜的信号图，漫不经心地说道：我好像发现了一点有趣的东西，似乎应该是一颗脉冲星，但显然它不是。洛里默接过信号图仔细看了起来，他马上就来了兴趣，天文学家的职业敏感性让他觉得这个信号很不寻常。

这个脉冲信号深藏在澳大利亚帕克斯望远镜的海量数据中，发生的准确时间是 2001 年 7 月 24 日，来自小麦哲伦星系的方向，仅仅持续了不到 5 毫秒的时间，但信号强度却是底噪的 100 多倍。它就好像宇宙中的一次短暂而强烈的闪光，瞬间淹没在星海中。信号特征与脉冲星很像，但问题是，脉冲星都是周期性的重复信号源。而这个信号则是单次爆发，稍纵即逝。不过，真正令洛里默感到震惊的是接下来的发现。

这个信号的频率主要分布在 1.2GHz 到 1.5GHz。由于受到星际物质的阻碍，频率越高的信号抵达射电望远镜的时间会越早。这种现象在天文学中被称为色散。色散的弧度越大，说明信号源离我们越远。当洛里默根据该信号的色散量估算出了距离后，他倒吸一口凉气，觉得不可思议。这个信号源距离地球达到了惊人的 30 亿光年，银河系的直径不过 10 万光年。我们知道，信号强度与距离的平方成反比，这个信号在跨越了 30 亿光年的漫漫征程抵达地球后，信号强度依然能达到底噪的 100 多倍。这意味着，这个信号源的真实亮度超过了 1 亿个太阳的亮度。

有意思的是，洛里默的老婆兼同事茉拉也是一位射电天文学家，她在知道了这件事情后，跟洛里默说："你们还是洗洗睡吧，这肯定是个乌龙事件，说不定就是帕克斯附近的某个电器发出的信号。"茉拉的这个判断是有根据的，因为自 1998 年以来，帕克斯一直被另外一个神出鬼没的神秘信号困扰着，那个信号被科学家们戏称为"鹿鹰兽"，它总是出现在工作日的白天，具体时间很随机，定位也飘忽不定，所有人都认为鹿鹰兽肯定是一种人工干扰源，但就是找不到它。直到 2015 年 3 月，这个困扰了帕克斯长达 17 年的鹿鹰兽才被执着的科学家们揪了出来，原来是一台微波炉：只要在定时器结束前，强行拉开炉门，就会释放出一只鹿鹰兽。

因此，洛里默的发现在随后四年中一直受到质疑，并没有引起广泛的重视。直到 2011 年 2 月 20 日，又一个类似的神秘信号被帕克斯捕捉到，紧接着，这一年的 6 月 27 日和 7 月 3 日又接连出现了两次类似信号。它们都是在帕克斯做特定的巡天观测时捕捉到的。到了 2013 年 7 月，英国曼彻斯特大学的桑顿（Dan Thornton）博士在著名的《科学》杂志上发表论文，详细分析了 2011 年的这三个信号以及 2012 年 12 月的另一个信号。他指出，这些信号色散量如此之大，不可能是人工干扰，再加上其他一些稀有的特征分析，桑顿首次提出了 Fast Radio Burst，也就是"快速射电暴"的概念，简称 FRB。桑顿用 FRB010724 来表示 2001

年 7 月 24 日发现的洛里默爆发，这种命名方法一直沿用至今。

也是从这一年开始，快速射电暴的研究在天文学领域迅速升温，很多天文学家转头干起了考古学家的工作，他们开始在全球的射电望远镜数据中寻找快速射电暴。这些信号的共同特征是：一、持续时间极为短暂；二、色散量很大；三、距离地球极为遥远，动不动就是几十亿光年之外；四、爆发出的能量更是大到恐怖，亮度不超过 1 亿个太阳都不好意思跟人打招呼。对于天文学家们来说，这有点像是淘金，因为每找到一个，都能发一篇顶级期刊的论文。在这种奖励机制下，天文学家们又找到了十多个新的快速射电暴。

那么，快速射电暴的原因是什么呢？一时间，各种各样的假说被提出来，假说的数量一度超过了快速射电暴本身的数量。最先提出的一类假说是"撞击说"，即宇宙中的两个致密天体相撞。比如两个黑洞相撞，两个中子星相撞，或者中子星掉入黑洞中等，这类假说很容易解释为什么时间极短、能量超大。但是，2015 年的一个发现却深深打击了这类假说，让快速射电暴变得更加神秘。

v 到 6 月，荷兰阿姆斯特丹大学的杰森·赫尔塞斯（Jason Hessels）博士领衔的团队利用阿雷西博射电望远镜观测 FRB121102，这是 2012 年 11 月 2 日由德国马普射电天文研究所的女天文学家劳拉·斯皮特勒（Laura Spitler）观测到的一个快速射电暴。幸运女神垂青了赫尔塞斯团队，在劳拉的帮助下，他们在一个多月的时间内竟然观测到了 10 次重复爆发。每次爆发都短于 1 毫秒，但真实亮度却超过 5 亿个太阳。这是天文学家首次观测到会重复爆发的快速射电暴，这说明，至少这个射电源不是一次性的宇宙灾难事件，撞击或者爆炸假说遇到了麻烦。

科学家们从来不缺乏对神秘现象的热情，只不过，他们需要看到神秘现象确实存在的证据，靠捕风捉影、道听途说是远远不够的。这也是为什么网上经常传一些所谓的神秘事件，但科学家们似乎很冷漠的原因。赫尔塞斯的发现在 2016 年 3 月登上了顶级学术期刊《自然》杂志后，学术界对快速射电暴的热情又上了一个台阶。不过，真正让快速射电暴走入大众视野，刷屏全网的事件发生在 2019 年 1 月，"外星人"三个字又一次出现在全世界的媒体上。

图 23-1　CHIME 望远镜

2019 年 1 月 9 日，加拿大 CHIME 望远镜团队在《自然》杂志上连续发表了两篇论文，报告他们的研究成果。建成还不到一年的 CHIME 望远镜在 2018 年 7 月到 8 月的调试阶段，就观测到了 13 个新的快速射电暴，并且发现了第二例重复快速射电暴 FRB180814，这个射电源在两个多月的时间中，被观测到多达 6 次重复爆发。尽管对于学术界来说，这并不算开创性的重大发现。但是，媒体的热情却出乎意料地高涨。英国 BBC 在论文发表的当天，就刊登新闻，标题是《来自宇宙深处的神秘无线电信号》，随后，美国的 CBS 新闻、《科学》杂志、《国家地理》等众多国际大媒体都纷纷以"宇宙神秘信号"为关键词参与了报道。英国《卫报》在新闻标题的结尾加了"可能是外星人"，而以煽情和八卦著称的英国《太阳报》的标题从没有让它的读者们失望过：来自宇宙深处的第二个神秘重复信号背后是否藏着外星人？这个新闻传到国内，就有自媒体公众号给出了这样的标题：外媒炸裂！真是外星人？宇宙神秘信号到底要不要回应？

外星人的可能性当然是微乎其微的，已知的 FRB 信号来自宇宙的各个方向，相距几十亿光年的不同外星人怎么可能全部采用类似的信号发送方式呢？退一万步来说，即便真的是外星人，那么所有这些信号都是 10 亿到几十亿年前发出的，假如人类给他们回一个信号，他们要收到也是 10 多亿年后的事情了。不过，第二例重复 FRB 的发现，在学术界掀起了新一轮快速射电暴的热度，包括中国在内的各国天文学家努力寻找着新的重复源。一年多的时间，又发现了近 20 个重复 FRB。有了这些数据积累后，雄心勃勃的天文学家们制定了下一个目标：主动预测一个重复 FRB。而第一个完成这项挑战的就是中国的科研团队。

2019 年 4 月，北京大学天文系脉冲星研究团组、中国科学院国家天文台致密天体和弥散介质研究团组、美国内华达大学拉斯维加斯分校的高能天体物理课题组联合发起了一个项目：监测快速射电暴的重复暴候选体。

这个项目的目标是：在中国天眼 FAST 望远镜的可观测天区当中，筛选出符合低光度标准的几个已知的快速射电暴源，用 FAST 望远镜对其进行跟踪观测，旨在发现其可能存在的重复爆发。

如果从中探测到重复快速射电暴，对于解答快速射电暴的成因有重大意义。

2019年7月16日上午，FAST望远镜对FRB180301进行了2小时的跟踪观测，获取了海量数据。2019年9月6日，项目团队成员，中国年轻科学家罗睿在观测数据中发现了快速射电暴，这是世界上首个被成功预测的重复快速射电暴。一年多后，这项重大成果在国际顶级期刊《自然》杂志上发表。

笔者特地为此采访了年轻的罗睿博士，他是这样说的："我清晰地记得那天的感受，我在电脑前坐着，突然看到这个信号，我整个人都怔住了，水杯掉到地上我都不知道。虽然我强烈期望它能重复，但是当那个画面真的出现的时候，我还是张大了嘴，你预测了一个发生在几十亿光年外的东西，结果它真的发生了，我不知道怎么形容那个感觉，就是特别特别奇妙。当天晚上彻夜难眠，我一下子理解了很多前辈科学家的那种狂喜，这是科学最纯粹的地方，它满足了人类心底最深处的那种强烈的好奇心。"

快速射电暴的成因是目前天文学领域中最前沿、最活跃的课题之一，就好像50多年前人类首次发现的脉冲星一样，快速射电暴一经证实，便吸引了全世界越来越多的天文学家。人们迫切地想知道，到底是什么引发了如此惊人的宇宙天象呢？

一颗大质量的恒星在生命的最后阶段，会以极为剧烈的自爆方式结束自己辉煌明亮的一生，留下一个密度极大、体积很小的残骸——中子星。大多数情况下，中子星的磁场强度不高，成为一颗脉冲星。但有大约十分之一的概率，中子星会带上极强的磁场，这种中子星的正式中文译名叫磁陀星。有时候也被简称为磁星。

磁陀星的磁力极强，假如用磁陀星物质做成一根小铁棒，它可以轻松吸起一艘万吨巨轮。

人类已经在银河系中发现了 20 多颗磁陀星。SGR J1935+2154 是一颗距离地球 3 万光年左右、位于银河系内的磁陀星，2020 年 4 月，它进入了活跃期。全世界有许多射电望远镜都对准了它。格林威治时间 4 月 28 日下午 2 点 34 分左右，中国的慧眼卫星观测到了一次强烈的 X 射线爆发。8.6 秒之后，加拿大的 CHIME 团队和美国的 STARE2 团队同时监测到了一次快速射电暴。这个时间差刚好就是理论上 X 射线暴和快速射

图 23-2　磁力极强的磁陀星概念图

电暴在星际物质中穿行的延迟时间差。我国的慧眼卫星装备了独特的准直器，这是一种可以对辐射源进行高精度定位的装置。慧眼卫星证实，X射线暴和快速射电暴都来自这颗银河系内的磁陀星。

这是人类首次确认快速射电暴的起源天体，也是首个起源于银河系内的快速射电暴。不过，快速射电暴的起源问题还远远没有得到解决。首先，为什么磁陀星会产生快速射电暴，科学家们为此争论不休。然后，我们只是证明了磁陀星可以产生快速射电暴，但不能证明那些十亿光年外，强度大得多的快速射电暴也是磁陀星产生的。有没有可能，不止一种天体可以产生快速射电暴呢？还有一个天文学家们更关心的问题：目前不重复爆发的快速射电暴，是真的不会重复，还是仅仅只是我们没有观测到呢？这个问题的答案也事关快速射电暴起源假说的成败。目前，依然有许多假说活跃在天文学领域。

美国哥伦比亚大学的布莱恩·梅茨格（Brian D. Metzger）、哈佛大学的埃多·伯杰（Edo Berger）和加州大学伯克利分校的本·玛格利特（Ben Margalit）这三位天文学家是活跃在快速射电暴研究领域的黄金搭档。2017 年，他们共同发表论文，提出质量大于 40 个太阳质量的恒星，在生命的尽头会产生一次超亮超新星爆发。这种超新星的亮度是普通超新星的十倍以上。这种超级爆发后，有可能产生一种磁场远强于银河系中已知磁陀星的中子星，那么它就有可能解释一些已经观测到的异常活跃的快速射电暴。

2019 年，他们三位再次发表论文提出了双中子星并合假说。双中子星是宇宙中两颗靠得很近的中子星围绕着共同质心旋转。随着时间的推移，两颗中子星越转越近，最终发生剧烈的并合。这种灾难性的宇宙事件在 2017 年被引力波天文台和射电望远镜联合证实。他们认为，双中子星并合后能产生一种非常活跃的磁陀星，就是那些活跃的重复快速射电暴的来源。他们的计算结果与 FRB180924 的观测结果相符。

中国的天文学家也活跃在快速射电暴领域。南京大学天文系的戴子高教授在 2020 年 6 月发表研究论文，提出中子星周围有可能存在一个小行星带，当小行星物质落入中子星的磁层时，强大的潮汐力和磁场会把小行星撕碎并拉成长条状。高速坠落产生的感应电场会把碎片中的电子剥离出来，并且加速到极端相对论速度，形成快速射电暴。他的计算结果与 2020 年 4 月观测到的那次银河系内磁陀星爆发的观测数据相符。

也有科学家提出，快速射电暴可以在黑洞吞噬中子星时产生；也有可能是快速自转的脉冲星时不时地发出巨脉冲。此外，被怀疑是快速射电暴来源的天体还有带电黑洞、原初黑洞，以及假想中的白洞、宇宙弦等，甚至还有科学家认为，不能排除外星人建造的巨型光帆的可能性。总之，假说的数量比现有的观测证据还要多。

今天的射电天文学家们又像是来到了一片完全陌生的森林，带着迷茫而又兴奋的心情，好奇地观察着周围的一切。进入 21 世纪后，随着我国 65 米口径上海天马射电望远镜和 500 米口径的中国天眼，以及天籁射电望远镜、高海拔宇宙线观测站等一批具有国际领先水平的射电望远镜建成，中国已经成为世界射电望远镜的强国。现代天文学探索强烈依赖观测设备的灵敏度，因此，不用怀疑，在可以预见的未来，世界射电天文学的研究中心将逐渐移向中国，我们每一个天文爱好者必然会听到越来越多由中国人或者利用中国的天文台做出的新发现。

本书行文至此，也即将进入尾声，最后，我们再来从宏观上了解一下我们身处的宇宙。

二十四
宇宙有限还是无限

宇宙有多大？

这可能是每个人从小到大都会问的一个问题。它也是自文明诞生以来，一代又一代哲学家和天文学家试图回答的问题。那么，在人类文明走过 3000 多年的岁月后，我们现在对这个问题的最佳答案是什么呢？

对宇宙大小的认识，我们经历过三个阶段。

第一个阶段，哲学家们普遍认为，宇宙是无限大的。但古代先贤的观点并不依赖任何证据和理论计算，而是基于一种朴素的哲学思辨：假如宇宙有限，那你告诉我"外面"是什么？

第二阶段，以霍金为代表的科学家们认为：宇宙是一个超球体，是有限无界的。

科学家们很认真地回答了先贤们的问题：宇宙没有"外面"。爱因斯坦以一己之力提出了"广义相对论"，让人类认识到空间是可以弯曲的。在本书的第十六章，我用了一个恐怖"牢房"的比喻，或许让你理解了什么是有限无界。

不过，霍金所提出的宇宙"超球体"概念是根据广义相对论提出的一种假说，并没有得到证据的支持。今天的宇宙学家们要做的，是用观测证据来证实或者证伪超球体假说。

那么，到底该如何证实或者证伪？换句话说，我们该怎么观测，才能知道我们是不是生活在一个弯曲的超球体中呢？办法自然也是有的。

如果你看过我的另一本书《时间的形状》，你会知道，时间和空间都可以被弯曲，是可以有特定的形状的。当然，也一定会有不少读者不能理解空间弯曲的概念，所以，我还得先简单地普及一些关于空间形状的基础知识。我们先从一个平面开始，在一张平坦的纸上，可以画出两根互相平行的线，它们永远也不会相交。也可以在这张纸上画一个三角形，三角形的内角和一定是 180 度。但在地球上，看似两根互相平行的经线，最终会相交于南北两个极点，在一个球面上画一个三角形，则三角形的内角和是大于 180 度的。正是这些几何属性上的差异，让我们能够理解什么是一张完全平坦的纸面和一张弯曲的纸面。现在我们把这个理解再往前走一步，如果在宇宙空间中的两根平行线也会最终相交，如果在宇宙中的一个三角形的内角和不是 180 度，那么我们就会发现空间也是有形状的。用专业一点的术语来讲，就是空间的曲率。如果空间的曲率为正，那么空间就好像一个篮球的形状，三角形的内角和大于 180 度，换句话说，宇宙就是有限无界的；如果空间的曲率为负，那么空间就好像是一个马鞍的形状，三角形的内角和小于 180 度，那么宇宙就不可能闭合成一个超球体，只能是无限的；如果空间的曲率为零，那么空间就是完全平坦的，宇宙也是无限的。因此，空间的曲率决定了宇宙的形状。

首先，假如宇宙空间的曲率为正，那我们就有可能观测到一个景象，即某一个星系的多重镜像。这是因为该星系发出的光绕着宇宙跑了不止一圈，每跑一圈我们就会看到一个完整的镜像。天文学家们一直在寻找这样的多重镜像，但是迄今为止没有找到任何多重镜像的蛛丝马迹。当然，这还不足以证明宇宙就不是有限的，但至少能说明一点：即便宇宙是有限的，也一定非常非常大，所以光还来不及绕着宇宙跑道跑上一圈。

其实，在研究宇宙的形状这个问题上，有两种解决思路：第一种是根据爱因斯坦的广义相对论方程，将空间的曲率问题转换成宇宙空间中的质能密度问题，也就是宇宙中所有物质和能量的平均密度。如果质能密度超过一个临界值，那么引力就会导致空间朝自己弯曲，形成闭合的球形，空间曲率为正；如果质能密度没有超过这个临界值，那么空间就弯曲自如，形成马鞍面这样的形状，空间曲率为负；而如果质能密度不多不少，刚刚好等于临界值的话，那么空间就是绝对平坦的，曲率为零。据理论计算的结果表明，这个临界值大约是 2×10^{-29} 克 / 立方厘米，大概相当于每立方米存在 6 个氢原子这样一种密度。换句话说，就是把地球、太阳、月亮以及所有的天体都打碎了，把它们所包含的所有原子都平均分布在宇宙空间中，看看每立方米能分到多少原子。

最开始的时候，科学家们简单一算，发现质能密度远远小于临界值，因为现在的宇宙已经膨胀得太大了，物质的平均密度小得可怜，所产生的那点儿引力远不能把宇宙重新弯曲成闭合的曲面，空间的曲率只能是负的。但是正如我们前面看到的，先是发现了暗物质，后又发现了暗能量，这个情况就大大不同了。因为事关宇宙形状的根本问题，所以几十年来天文学家们一直在精心测量。目前虽然还没有一个非常确定的结论，但是一颗接一颗的卫星和太空望远镜上天，把我们对宇宙平均质能密度的测量精度推向一个又一个新的高度。

令人没有想到的是，观测精度越高，科学家们的吃惊程度也越高。

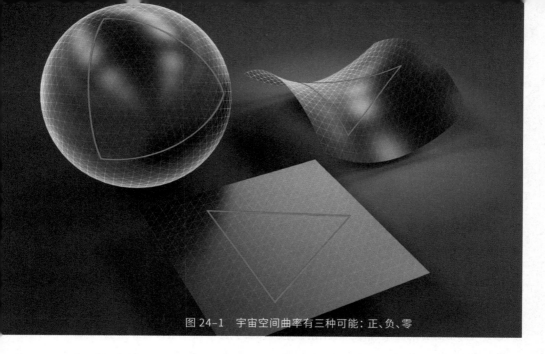

图 24-1　宇宙空间曲率有三种可能：正、负、零

因为，越来越精密的观测，似乎都在表明，宇宙的曲率不多不少，恰好是零。这实在有点儿像针尖上的舞蹈，精巧得有点儿让人目眩神迷。

除了用测量质能密度这个思路来研究宇宙的形状，还有一个思路更为直接，那就是测量宇宙中一个巨大的三角形的内角和，看看内角和到底是不是 180 度。方法也很粗暴，就是找三颗相距很远的恒星，假想它们之间连起了一个巨大的三角形，通过一些简单的几何换算，间接测量这个巨大三角形的内角度数，从而确定三角形的内角和。

尽管目前的观测还无法完全确定宇宙空间的曲率到底是三种情况中的哪一种，但从最近这几年的文献资料来看，目前大多数天文学家和宇宙学家都更倾向于空间曲率为零或者负，而不是正。近年来越来越多的科学家又更倾向于宇宙空间的曲率刚刚好就是零，我们的宇宙从大尺度的角度来看，是一个完全平坦的宇宙。

换句话说，霍金教授错了。（如果你想了解霍金的宇宙，可以参考霍金所著的《时间简史》）

无论曲率是零还是负，都可以得出一个推论：宇宙是无限大的。换句话说，如果你朝着宇宙的一个方向一直前进，永远也不可能回到原点。

我们还可以用另外一种方式来理解这个无限大是什么概念。大家已经知道，光速是一切物质运动的速度上限，而我们在前文中已经解释过，星系相对于我们的退行速度可以超过光速，那么无论我们怎么追，也不可能追上那些退行速度超过光速的星系。

我们永远也无法知道到底有多少星系已经退出了我们的视界范围，但是请记住，虽然宇宙的整体是无限的，宇宙的可观测部分却是有限的，这就是可观宇宙的大小。有时候我们说起宇宙的大小，往往指的就是这个概念，因为宇宙一直在膨胀，所以当我们向太空深处极目远眺时，看到的最远的地方其实远远超过 138 亿光年。

根据宇宙膨胀的速度，我们可以计算出朝一个方向看最远可达的距离是 465 亿光年，这就是可观宇宙的半径，那么整个可观宇宙的直径大小就是 930 亿光年。

我还可以用另外一个更加专业一点的方式来讲解什么是可观宇宙：假设有一个光子从大爆炸的奇点出发，在膨胀的宇宙中一直飞行了 138 亿年，就好像一个人在机场的自动人行步道上走了 138 亿年，那么经过的距离总共是多少呢？根据已知的各种宇宙学参数可以计算出，这个距离就是 930 亿光年。在宇宙学中，这个距离也被称为今天宇宙的"粒子视界"，这个视界会随着宇宙年龄的增长而增长。

每一个孩子心目中最朴素的宇宙问题，恰恰是宇宙学中最难以回答的问题，人类不会停止寻找答案的脚步，我们对宇宙的认识也在对这个问题的追问中不断加深。

但是，关于宇宙，还有一个终极问题：

宇宙既然有生，那宇宙也有死吗？

二十五
最后的问题

宇宙的命运最终会怎样？这是我能想到的人类能够提出的所有问题当中最后的问题，没有什么问题能比这个问题更终极了。当然，所有对此问题的回答都是现有人类智慧下的回答，也不可能得到最后的验证。那么，研究这个问题到底有没有意义，为什么要去研究？我认为，所有的意义也都是人赋予的。在我看来，引发思考，满足好奇，就是无与伦比的意义。在人类解决温饱问题之前，艺术是没有意义的，但是满足了温饱之后，人们会发现艺术的意义大于吃饭。如果你追问下去，艺术对人类的意义到底是什么？那么追问到最后就只有一个答案：给人带来美感。

在我眼里，星空就是一首交响乐，星辰大海是它的琴弦。第一乐章，巨大的太阳带动着八大行星构成了最初的奏鸣曲，唱出天体旋转和运动的永恒主题。第二乐章，宇宙旋律转入深沉的慢板，它带我们进入更广阔的星系和宇宙空间，让我们听到银河系、河外星系，乃至宇宙诞生之初的回响。当我们沉醉于这无尽的深邃时，旋律又开始进入下一个风趣轻快的乐章，宇宙空间中的有机分子、类星体、脉冲星、暗物质、暗能量、快速射电暴等角色就像不同的声部，此起彼伏，争奇斗艳，令人着迷。

现在，当我们在思考宇宙的终极命运时，也就是在聆听这首宇宙交响乐的终章，它也许高昂雄浑，也许轻柔悠远，虽然无法影响我们的实际生活，但一定能给听懂的人带来无尽的美感。除了对美感的追求，在我看来，研究宇宙的终极命运还有另外一个意义，那就是如果把人类文明当作宇宙中无以计数的文明中的一个来看待，那么对这个问题的研究深度，就代表着人类文明在宇宙文明中的排名。它的意义不是针对某个个人，而是赋予整体人类文明的。

在暗能量发现之前，对宇宙命运的主流观点是大塌缩，科学家认为宇宙会经历一个由膨胀到收缩的拐点，然后宇宙就开始大爆炸的反过程——塌缩，最终宇宙又会缩成一个奇点，然后"砰"的一声再爆炸一次，如此循环往复。但后来科学家们发现了宇宙加速膨胀这个惊人的事实，大塌缩也就慢慢退出了主流。现在的主流观点认为：宇宙的最终命运有两种可能，一个是热寂说，另一个是大撕裂说。

下面我给大家介绍的就是这两种学说。

我们先来讲热寂说。

要把这个讲清楚，就必须提到热力学第二定律（以下简称"热二"），这个定律不仅是热力学三定律中最难搞懂的一个定律，恐怕也是所有物理定律中最难说清楚的定律之一。而且"热二"的表述形式也特别多，不下十种，比如最早的表述是这样：不可能把热量从低温物体传递到高温物体而不产生其他影响。或者这样：不可能从单一热源吸收能量，使之完全变为有用功而不产生其他影响。

这两个算是最通俗易懂的，但是严谨程度不够。后来的科学家继续把这条定律发展成这样：在一个系统的任意给定平衡态附近，总有这样的状态存在——从给定的状态出发，不可能经过绝热过程得到。又发展成这样：对于一个有给定能量、物质组成、参数的系统，存在这样一个稳定的平衡态——其他状态总可以通过可逆过程达到之。

这两个表述你肯定看晕了，不用自卑，我也跟你一样晕。不过，现代对"热二"的表达形式倒是变得非常简洁了，一句话就能说清，但你可能还是看不懂：

任何孤立系统中的熵只能增大不能减小。

对，关键就在于这里面出现了一个词"熵"，如果不知道这是啥，那么这句话对你来说可能还是难以理解。因此，理解宇宙热寂说的关键是要了解热力学第二定律，了解"热二"的关键则是了解什么是熵。

这个字其实是民国时期的著名物理学家胡刚复教授在 1923 年发明创造出来的，至今已经成了物理学中的一个标准术语。不仅热力学中有用到，在信息论、控制论、概率论、生态学中，它都被当作一个标准的术语广泛使用，这个概念相当重要。

什么是熵？熵就是衡量一个系统混乱程度的度量值。比如在麻将桌上，刚刚洗好的一副牌的熵就很低，哗啦哗啦洗牌的时候，熵就很高。在一杯咖啡中，你倒入一勺牛奶，刚开始的时候，牛奶和咖啡还能分得比较清楚，但是随着时间的推移，慢慢地就混在一起了，在这个系统中，熵就是在慢慢地变大。

"热二"定律说的就是任何一个孤立的系统，也就是没有别的系统去干扰的话，系统的混乱程度只会增大不会减小。一个打碎的玻璃杯，不可能自发地还原。你在沙漠中堆起一座沙堡，风很快就会让沙堡消失，重新回归无序，再厉害的风也永远不可能把沙子吹成一座规则的沙堡形态。这是对自然规律的一个深刻洞见，隐藏在这个规律背后的规律其实依然是概率。如果我们用沙子排列的可能方式去考察沙堡和一盘散沙，或许你就能理解为什么风只能吹出一个个外形几乎一样的沙堆，而吹不出一个规则的沙堡。而这个定律也很好地解释了为什么时间的箭头是单向的。

如果我们用分子层面去理解这个定律的话，那就是说，在一个孤立系统中，分子排列得越不均匀，说明它还有可能继续产生新的态，那么熵就越低；分子的排列越均匀一致，也就越来越丧失了变化的可能性，熵也就越大。这个定律告诉我们，在任何一个孤立系统中，分子最终都会趋向于同一个运动速度，也就是达到均匀一致的温度。在热力学中，称为热平衡。

我们整个宇宙就是一个最大的孤立系统，那么对于这个孤立系统整体而言，熵只会增大不会减小，那么最终的结局也就一定是达到热平衡。换句话说，宇宙处处温度均匀一致，这就被称为热寂（Heat death of the universe）。根据宇宙学家的计算，宇宙热寂将经历以下这些阶段，当然啦，这些只是非常粗略的计算，我们有个概念就可以了。

退化时代：从 10^{14} 年到 10^{40} 年

在这段时间里，星系和恒星的形成逐渐减缓并完全停止，越大越亮的恒星燃烧得越快。太阳在银河系中算是一颗中等大小的明亮的恒星，大约再过 50 亿年就该全部烧完了。而像比邻星这样的红矮星，体积小，温度低，比太阳可以燃烧的时间要长得多，但总有一天，也要耗尽燃料，直至枯竭。当宇宙中所有的恒星都熄灭之后，只有行星、小行星、白矮星、黑矮星、中子星、黑洞等不发光的天体能够继续存在。偶尔，棕矮星之间的相互撞击会形成新的红矮星，这些红矮星会在宇宙中继续存在数十亿年，成为宇宙中唯一的可见光源。

在此期间，大约从 10^{16} 年开始，由于受到引力和引力波的扰动，行星和恒星以及恒星的残骸都会离开它们的原始轨道。星系开始解体，慢慢地就只剩下超大质量黑洞。

到了退化时代的 10^{36} 年，宇宙中的一半物质都衰变为伽马射线和轻子。这里是基于一个目前尚无法确证的假设，也就是质子的半衰期是 10^{36} 年，这是量子力学中的一个推论，但目前尚未得到强有力的实验证明。有一个很有意思的概念我要提醒大家，我前面说退化时代是 10^{14} 年到 10^{40} 年，你可能会从直觉上认为 10^{36} 年到 10^{40} 年是退化时代的最后阶段了，其实完全不是，主要是这个数字太大，直觉欺骗了你。但如果我们把数字放小一点，你可能马上就明白了，比如我说退化时代是 100 年到 10000 年，也就是 10^2 年到 10^4 年，从第 10^3 年开始，一半的质子衰变，其实也就是说到了第 1000 年，质子完成了半衰。但你想想 1000 年之后还有 9000 年才到 10000 年啊，1000 年只是整个退化时代的十分之一而已。同样的道理，尽管 10^{14} 年到 10^{36} 年看起来很长，但是它只不过占到了整个退化时代的万分之一而已。如果质子衰变的理论正确，那么到了 10^{40} 年，宇宙中所有的物质都会衰变完毕，整个宇宙就只剩下了黑洞和轻子。

黑洞时代：从 10^{40} 年到 10^{100} 年

这是黑洞主宰宇宙的时代，这个时代更要远远长于充满恒星的宇宙时代，百花盛开的宇宙只不过占到了黑洞时代的约 0.0000……（60 个 0）1，这是一个小到简直无法打比方的数字，你闭上眼睛体会一下吧。但黑洞也不是永恒的，它依然无法逃脱热力学第二定律为它设定的命运。黑洞会慢慢地蒸发，最终以霍金辐射的形式将自身的质量一点点地还给宇宙。宇宙中的绝大部分物质都转变成了光子和轻子，然后，宇宙就进入了更加漫长的——

黑暗时代：10^{100} 到 10^{150} 年

在这个时代，所有残余的黑洞都会完全蒸发掉，宇宙中只剩下光子和轻子。虽然所有物质基本上都变成光子了，但宇宙还是黑暗时代，因为宇宙实在太大，这一点点光子在巨大的宇宙空间中，简直不值一提，但此时离最终的完全热平衡还差很远。

大约会在 10^{1000} 年以后，宇宙达到完全的热平衡，所有的光子和轻子在宇宙中均匀地分布，宇宙的熵达到了最大值，到了这个时候，我们才可以说，宇宙热寂了。那么宇宙热寂之后呢？之后是有之后，还是从此再也没有之后了呢？目前的科学理论就只能到这里，期待我的读者中有小朋友将来能告诉我之后的可能性。

不过，上面这个宇宙热寂年表是建立在质子会衰变这个假设上的。如果这个假设是错误的，质子不会衰变，那么，一个可能的结果就是宇宙中所有原子量小于铁的物质都会最终发生核聚变，变成铁原子，而所有原子量大于铁的原子都会最终衰变为铁原子。因为根据量子理论，铁的结合能是最小的，熵值是最大的。这一过程大约要经过 10^{1500} 年才能最终完成，这也是宇宙的热寂，因为最终的目标依然是熵值最大。此时的宇宙，铁原子均匀分布在所有空间中。冰冷的热力学第二定律依然死死地统治了整个宇宙。

阿西莫夫有一篇著名的短篇科幻小说《最后的问题》，阿西莫夫把包括人类在内的宇宙几万亿年的历史浓缩于笔端，这样的气势与恢宏，恐怕也只有科幻小说才能做得到，读完震撼人心。推荐大家阅读该小说，你一定会对热力学第二定律和宇宙的终结有更深的感悟。

下面，介绍宇宙的第二种命运——大撕裂。

这个假说首次出现在 2003 年，那时候，距离暗能量的发现已经过去了四年，达特茅斯学院的领导者罗伯特·考德威尔（Robert R.Caldwell）仔细地计算暗能量对宇宙的影响到底会是怎样。

计算结果表明，如果暗能量产生的斥力与宇宙的平均能量密度的比值小于 -1 的话，那么很可能暗能量的力量会无限增强下去，一直到把宇宙中所有的基本粒子都互相扯开为止，用大撕裂来形容这种情况再形象不过了。而且，这个结局会到来得非常快，考德威尔认为也就是 500 亿年之后，宇宙就会被彻底撕裂。

所谓的彻底撕裂，就是每个基本粒子之间互相远离的速度都超过了光速，任何基本粒子之间永远也不再可能发生相互作用。大撕裂假说得到了不少科学家的支持，但是计算结果不一，甚至有人认为 150 亿年以后，宇宙就将进入大撕裂状态，但这些依然是一种假说。

虽然说，不管是 500 亿年也好，150 亿年也好，相对于我们现在来说都是非常遥远的事情，并不会对我们的现在产生任何影响，但每每想到这种可怕的大撕裂的结局，我还是会不寒而栗。

想想吧，每一个基本粒子互相远离的速度都大于光速，这个宇宙不可能再发生任何变化，一切可能性都丧失了，这样的结局似乎连"要有光"的机会也没有。但是，在人类没有彻底弄清暗物质和暗能量产生的根源之前，大撕裂仍然是一个建立在流沙上的城堡，可能说倒就倒了。

宇宙的命运是天文学的终极问题，讲完这个问题，我们这本书的正文部分也就结束了。但我依然不想结束这本书，因为，我还有一些比天文探索故事更重要的事情想告诉你。希望你能继续把本书的最后一章读完，假如读完最后一章，你的感受是"前面读的那些章节内容能不能被记住已经无所谓了，因为我已经得到了这本书能给予我的精华"，我将感到无比欣慰，因为，这正是我写这本书的终极目的。

二十六
探索永无止境

天文学不仅是人类最古老的学科，现在也依然是充满活力的前沿学科。一部人类的天文学发展史，其实就是一部人类理性崛起的历史。这段历史可以看成三个台阶，人类每站上一个台阶，就好像来到了一片更加宽广的天地，我们对宇宙的认知也大大前进了一步。第一个台阶是从思辨到实证；第二个台阶是从实证到拟合；第三个台阶是从拟合到原理。一部人类探索天文的历史其实也是一部人类追求科学的历史，我们不妨从天文学的角度来回顾一下这 2500 年来，人类是怎样一步步地走出蒙昧，产生理性，最后诞生了科学。

进化论告诉我们，人是从动物进化而来的，那么是什么样的标志性事件让人与动物区分开了呢？有些人认为是直立行走，有些人认为是使用工具，还有些人认为是对火的利用，各种哲学观点很多，似乎也都能讲出道理。但我认为，这个标志性事件是始于三个字——"为什么？"当第一批直立行走的智人在头脑中问出了"为什么"的时候，这些智人就不再是动物，而成为万物之灵的人类。他们开始追问为什么会有白天黑夜，为什么太阳东升西落，为什么会有风云雷电……人类文明的曙光正是从这一刻划破了黑暗，浩瀚的宇宙孕育了地球文明。

在远古时代，回答这些最为朴素的天文学问题是全世界所有智者面临的第一批问题，因此，从人类诞生的第一天起，天文学也就随之诞生。实际上，所谓的智者就是人类中率先产生了好奇心的人，他们试图回答的问题就是他们自己心中产生的问题。那时，闭上眼睛玄想是所有智者探索答案的唯一方式。这样的玄想持续了几万年，他们得到的答案都差不多，也就是各种各样的神话传说，这是对大自然中一切现象最方便的解释，也是最容易自圆其说的，只需要编故事。那时人类是原始蒙昧的，因为他们还没有找到任何一个可靠的寻找答案的方法，这样的玄想哪怕再持续几百万年，人类对自然的认识也不会有什么提高。

直到 2500 年前，在古希腊这片神奇的土地上产生了理性思维，这就是科学精神的萌芽。以毕达哥拉斯为代表的一批先哲开始思考用数学来解释天文学问题，这是人类科学精神的第一道闪光，对人类文明来说，意义深远。在毕达哥拉斯之后，数学就与人类探索大自然规律的活动密不可分，数学也成了解开大自然奥秘的一把神奇的钥匙。有了数学这个工具，人类从此脱离了纯粹的理性思辨，在为自然现象定性的基础上，开始寻求定量分析，这是之后一切科学活动的基础。接着，以亚里士多德为代表的实证派的出现，使人类终于掌握了鉴别一个理论好坏的方法。亚里士多德不仅支持大地是球形的这一理论，最为可贵的，是他意识到证据的重要性，意识到仅仅用思辨的方式来证明一个理论是远远不够的，而比思辨更重要的是实证。

千万不要小看这样一种认识上的转变，这对于人类来说可不是一件轻而易举的事情，哪怕是在亚里士多德出现后的几千年中，无数人类中的精英，不管是东方的还是西方的，依然固执地认为从经典古籍中寻找问题的答案，才是最可靠的方式。比如，面对一个问题"人有几块骨头？"，过去中国的大儒首先想到的基本上都是到经、史、子、集中寻找答案，西方的先哲首先想到的可能是到《圣经》或者其他古老的书籍中去寻找答案，很少有人会萌生从人身上寻找答案的念头。有史可考的第一个想从解剖学上去寻找答案的人，可能是古罗马时期的盖伦（Claudius Galenus，约129—约200），他至少想到了要去解剖一只猴子，来研究人体到底有几块骨头这个问题，但是从盖伦到写出《心血运动论》的哈维彻底搞清楚人到底有几块骨头，历经1400多年。而在中国，则一直到清朝，才出现了一个叫王清任的医生，他是第一个对《黄帝内经》产生了怀疑，想到要从人身上找出问题答案的人。不过他又没有勇气亲自解剖，而是去问刽子手和仵作，所以最终还是没搞对，以至于这样一个在今天看来完全可以通过实证搞清楚的问题，中国人还得靠留学生从西方回来后，才知道正确答案。

实证思想是人类从蒙昧迈向理性至关重要的一步，也是科学精神中分量最重的一块基石。可是直到今天，在每一个人都知道"实践出真知"的今天，真正具备实证精神的人还是太少了，依然有大量的人对从未经受过严格验证的说法深信不疑。

文艺复兴时期是人类文明史上一个伟大的时期，人类理性的真正兴起，就是从这个时期开始的。哥白尼的"日心说"之所以能最终战胜托勒密的"地心说"，根本原因是根据"日心说"做出的天象预测要比"地心说"准确得多，这就是预言和验证的力量。哪怕有强大的宗教势力不遗余力地阻止着认知革命，人类的理性最终还是会战胜一切貌似强大的力量。科学理论的一个重要特征就是可以提出预言，而这个预言又是可以通过人类掌握的观察手段加以证实或者证伪的，这种理性的思维是科学精神不可分割的重要组成部分。也正是因为科学精神在人们心目中的进一步普及和深入，才使得开普勒的理论又战胜了哥白尼的理论。如果哥白尼地下有知，他只会感到无比的高兴而不会沮丧，他会感谢开普勒把人类对天象的预测带上了一个更高的精度。在这之后，又诞生了伽利略、牛顿、爱因斯坦，他们接过前人的火把，向着更深层的未知继续探索，但是每一次的火炬传递、每一次的认知革命都是在艰难坎坷中前行，任何科学理论都绝不是轻易得到的。这些人类历史上的群星，闪耀的是同样的理性光辉。

从此，科学从古典哲学中独立出来，成为迄今为止人类最伟大的智力成就，没有之一。那么，到底什么又是科学？不同的词典对科学的定义都不相同，这是一件很奇怪的事情，一个我们几乎天天在用的词语，竟然缺乏一个统一的定义，而且，仔细考察的话，各个定义之间的差别还挺明显。我现在对科学的理解可以用下面三句话来概述：

1. 科学是一种知识体系。

2. 科学也是一种思维方式。

3. 科学是目前为止，人类寻找自然规律或者解决实际问题的最可靠的路径。

科学是一种人类获取最可靠知识的方法论。具体来说，这个方法就是通过观察提出假设，然后再通过实验来检验这个假设。如果通过检验，那么假设就可以上升为在一定适用范围内成立的科学理论。如果不能通过检验，那么就要修正假设或者完全推翻重来，继续通过实验来检验，如此循环往复，直到成为一个科学理论为止。开普勒行星运动三定律和牛顿万有引力定律的发现，就是对这个方法最好的注解。

在我小时候，老师告诉我"科学就是对真理的孜孜不倦的追求"。但是，当我们真正理解什么是科学之后，我才明白，任何一个科学理论都不是对宇宙真理的描述。实际上，任何科学理论都是一个数学模型，它在试图精确地描述自然现象，不但能解释已经观测到的自然现象，还能预测未来有可能观测到的自然现象。但任何理论模型其实都受限于人类的观测能力，我们不敢保证在现有人类的观测能力还没达到的地方，这个理论还能精确地描述。比如，随着观测精度的不断提升，牛顿运动三定律就与自然现象符合得越来越不好，我们必须用爱因斯坦的相对论来描述自然现象，但谁又敢保证相对论就是一个彻底完备的理论呢？

科学的定义虽然没有定论，但科学的基本特征却是举世公认的：

科学活动所得的知识是条件明确的，不能模棱两可或随意解读，是能经得起检验的，而且不能与任何适用范围内的已知事实产生矛盾。

首先，一个科学理论必须具备可证伪性，可证伪性的含义就是从理论上来说，它是有可能被证伪的。这里的关键词是"有可能"三个字，如果一个学说从理论上来说就不可能被证伪，那么这个学说就无法被称为科学理论。比如说有人宣称，天上下雨的原因是一条看不见的天龙在喷水，那么这个理论就是不可能被证伪的。因为无论你怎么反对，都无法证明那条看不见的天龙不存在，因此它就不能被纳入科学理论的范围，只能被称为某种"见解"。进一步说，科学理论必须能提出一些明确的预言，并且这些预言也必须是可检验、具备可证伪性的。比如托勒密提出的"地心说"模型，可以预言火星在某个时刻出现的位置，那么我们就可以在那个时刻观测火星出现的位置，来检验该预言是否正确。如果预言准确，火星确实在那个时候准时出现在预计的位置，那么"地心说"的可靠性就相应增加，但只要有一次预言与实际结果不符（前提是观测方法正确），就足以证明"地心说"是不完备的。同样，无论是哥白尼的学说还是开普勒、牛顿的学说，都是可以通过理论来预言明确的天文现象，也都是有可能被证伪的。对于一个科学理论来说，哪怕符合理论的现象再多，只要出现一个反例，就足以证明该理论是不完备的。对理论进行修正，并通过验证后，新的科学理论就成立了。

其次，每个科学理论都有适用范围，而且必须能够解释在这个适用范围内所有已知的现象。记住，必须是所有，没得商量，只要有任何一个现象无法解释，那么这个理论就是有问题的。比如托勒密的"地心说"，尽管被新的理论替代了，但如果我们把它的适用范围划定在误差是三个月之内的话，那么"地心说"依然可以被认为是一个科学理论，只是这个理论的适用范围比较小，精确度比较低。哥白尼的"日心说"也是同样的道理，它的误差大幅缩小到了以天为单位，精确度的提高使适用范围大大地增加，因此这个理论就远胜托勒密的"地心说"。不过这个理论依然有明显的不足，如果我们对天象的预报要求精确到误差一小时之内，那么哥白尼的理论很容易就会被证伪。于是我们又要用到开普勒的理论，即行星运行的轨道是一个椭圆而不是完美的正圆。但开普勒和牛顿的天体运行理论依然是不完美的，在预言水星的运行轨道时，每100年就会产生43角秒的偏差，虽然这个偏差很小，但足以证明理论的缺陷。于是爱因斯坦又提出了更为精确的广义相对论，这是我们目前已知的关于天体运行的最好理论。在人类现有的观测精度下，理论预言和所有的实际观测值都完美地相符，至今没有发现一个反例。随着人类观测精度的不断提升，没准儿有一天我们又会发现理论值和观测值不一致，这时候就需要有更好的理论来修正爱因斯坦的广义相对论了。

由此我们看到，科学理论还有一个重要特征，就是有自我纠错的能力。

任何一个科学理论都不会宣称自己是无条件绝对正确的，这是科学与神学、哲学最大的区别之一。科学通过观察、假设、验证这套方法，可以保证理论的不断迭代升级，越来越接近客观真相。大家还得知道一个概念，人类进入 20 世纪以后，任何一个新理论都必须与旧理论兼容，新理论和旧理论的关系就像是俄罗斯套娃这样的包含关系，而非完全推倒重来的关系。广义相对论的简化版本就是牛顿理论，开普勒理论的简化版本就是哥白尼理论。因此我们可以预言，将来那个更好的理论也一定是兼容广义相对论的，所有我们已经取得的天体力学理论在规定的适用范围内仍然是正确的，不论过多少年也不会发生改变。换一种更高深的表达方式就是：每一个科学理论都有边界，而科学探索活动就是不断地延伸现有的边界。

最后，科学理论还有一个非常重要的特征，就是可重复性。任何一个科学实验或者科学预言都是可以被重复验证的，全世界任何一个地方的科学家，只要采用的是同样的方法，就一定能重现相同的结果。不能复现结果的理论永远进不了科学的殿堂。

以上这些都是科学的重要特征，但并非全部，不同的人会有自己不同的总结方式，但共识是毫无疑问的。以上是从正面来解释了什么是科学，还有必要从反面来解释一下什么不是科学。

第一，既不能定性又不能定量的研究对象和研究方法不是科学。比如文学、艺术，它们的共同特点就是无法做定性、定量的分析，大多数情况下靠的是人的主观感受。但并不是说文学、艺术就没有价值，它们虽然不是科学，但依然是人类文明的重要组成部分，不可或缺。而且，如果未来文学和艺术也可以定性、定量了，那它们也完全有可能变成科学的一个分支。

第二，不以客观存在的事物为研究对象的学问不是科学。具体来说，就是事物或者现象还没有被证明存在之前，你也可以去研究，但是这个研究活动还不能称为科学研究，只有在事物和现象被证明存在之后，你的研究活动和结论才能被追认为科学。最典型的例子就是神和鬼以及各种人体特异功能，研究这些可以，但是在神、鬼、特异功能还没有被证明确实存在之前，对不起，这不能算科学研究。要踏入科学之门，首先还得拿出你的研究对象确实存在的过硬证据才行。

第三，某个理论虽然看上去用了一大堆科学术语，但实际上其研究方法和成果并不符合科学的基本范式，也就是前面提到的科学方法和特征，这就是我们常说的伪科学。这些伪科学往往喜欢用哲学思辨来代替严谨的推导证明，所举出的证据也往往是孤证，可以当作传说和故事来看待。伪科学还经常和另外一个词一起出现，就是"民科"。其实"民科"并非指"来自民间的"，大学教授也可能是"民科"，鉴别"民科"的关键在于有无科学精神。"民科"身上具备的一般特征有：都对他们所认定的"科学"富有近乎执拗的热情，却不曾也无意接受科学训练；他们对主流科学理论提出大胆的怀疑，凭借的更多是臆想而非客观可靠的证据；他们以"独特之梦想"为由，拒绝进入科学共同体，拒绝接受同行评议，拒绝承认既有的专业规范，也拒绝从专业领域出发的任何批评。

第四，技术发明不是科学发现。比如中国古代的四大发明我们都耳熟能详，但科学史的主流观点认为这些只是具体的技术发明，并不是真正的科学发现。科学发现必须是对自然现象本质规律的探索。

我还必须补充说明的是：哲学可以分东、西，但科学没有东、西之分。凡是一看到有人反对我说，"你不能拿西方科学的标准来考察东方的科学"，我就只能无奈苦笑。科学只有一套标准，没有东方科学或西方科学。

科学就是科学，它起源于西方，但它是属于全人类的智力财富，没有国界，更没有文化的隔阂。甚至对科学来说，文化和感情都是多余的东西。

爱因斯坦认为科学大厦的基石有两块：一块是古希腊人从欧几里得的几何学中创立的形式逻辑系统，也就是公理演绎法，从几个不证自明的坚实公理往前逐步推演，得出一系列的推论；另一块是文艺复兴时期发现的，通过系统实验可能找出因果关系。可以说现代物理学，甚至绝大多数伟大的科学成就都是在这两个基础上发展起来的。

谈到科学，我还得再讲讲什么是科学精神。有人会说我迷信科学，我总是不太能听懂，因为科学是破除迷信的最有力的武器，那么迷信破除迷信的武器到底是什么概念呢？科学精神的第一条就是与迷信完全对立的怀疑精神，不怀疑才叫迷信，那么迷信怀疑又是啥意思呢？我是不大懂这样的"逻辑"，但光有怀疑精神是远远不够的。如果只有怀疑而没有实证精神，就很容易落入我前面谈到的"民科"精神，怀疑现有的一切科学成就，但又拒绝用举世公认的科学研究范式来研究问题。比如不懂什么是大样本随机双盲对照实验，也不懂孤证不立的基本道理，只是一味毫无证据地坚信自己就是当代布鲁诺。所以，怀疑必须加上实证才是科学精神。一个双盲对照实验就破除了不知道多少迷信。

科学精神还离不开理性的思维，比如相关性不等于因果性，证明因果性远不是一个统计相关就够。例如要证明某一个传染病是由某个病原体导致的，就要满足著名的"科赫法则"才行：一、必须在所有病人身上发现该病原体；二、必须从病人身上分离并培养出病原体；三、把培养出的病原体接种给动物，动物应该出现与病人相同的症状；四、从出现症状的动物身上能分离培养出同一种病原体。你看，这四个步骤环环相扣，逻辑严密，最后得出的结论让你不得不信服。所以，科赫法则难道不是全人类共同的智力财富吗？当然某些人也可以气势汹汹地说一句：不要迷信西方人的法则。这是一个万能大棒，什么都可以打，但我倒是想请他说说这个来自西方的科赫法则哪里错了呢？再比如，无法证明不存在不等于必定存在。像外星人飞碟这样的传说，要证明不存在在逻辑上就没有可能性，但这可不等于外星人飞碟就一定来过地球了，举证责任恰恰是在宣称存在的一方。但还要记住一条：越是惊人的声称就越要有惊人的证据，传说和孤证可不是过硬的证据。自认为无法解释的现象不等于不能解释，很可能解释它的论文早就汗牛充栋了，只是你从来没有去认真地查询过资料而已。这些我统统称为理性思维，它们都是科学精神的重要组成部分。

如果非要让我用最简单的一个词来总结科学精神，我会用这个词：求真。

求真的"真"指的是真相而不是真理。所谓真相，有两个含义，一是有证据支撑的事实，二是科学共同体的当下最新理解。

我们现在已知的一切天文学知识无不是在科学精神的引领下，一步一个脚印地探索得来的。人类对宇宙的认识如果是一座雄伟大厦的话，那么每一块砖瓦都不是凭空而立，在建立这座大厦的过程中，人类不断地修正、剔除无法经受住严格检验的砖块，每增加一层都得经受住无数人的质疑和验证。时至今日，这座大厦已经展现出宏伟的气势。对于宇宙而言，人类渺小如蝼蚁，但是这样渺小的人类居然能把宇宙了解到今天这样的程度，身为人类的一分子，我深感自豪。

但我们的探索还远远没有到达尽头，宇宙留给我们的未知领域还有太多太多。就在我们的太阳系，我们想知道的东西依然无法尽数。月球究竟是怎么形成的？太阳的磁暴是怎么产生的？太阳系的这种结构在宇宙中是特殊的吗？太阳系中除了地球，还有孕育生命的地方吗？木卫二的海洋中有生命吗？彗星到底来自哪里？奥尔特星云是怎么形成的？是否还有未发现的大行星？……

从太阳系向外扩展到银河系，我们想知道的事情就更多了。银河系中到底有多少宜居行星？地球之外还有智慧文明的存在吗？是什么力量在推动着银河系自转并形成一个旋涡状？现有的恒星演化理论是完备的吗？黑洞的视界之内到底是怎样的？……

再从银河系扩展到整个宇宙，更多的未解之谜等待着人类破解。暗物质到底是什么？暗能量又是怎么产生的？快速射电暴是怎么产生的？星系与星系之间的空间真的是完全空旷的吗？流浪行星是不是大量存在？为什么大多数星系光度学质量与动力学质量不相等但有些又相等呢？虫洞是真实存在的天体吗？宇宙大爆炸的原因是什么？宇宙将会怎样终结？平行宇宙到底存不存在？……

或许在我的有生之年，这些问题都找不到答案，但也许，在我的读者群中有这么一位青少年，从此立志去探寻宇宙的奥秘，而在我行将就木之前，他解开了其中至少一个谜题。如果有这么一天，我将为我今天写下的文字而感到无比自豪。

第一版后记

康德说：有两件事物我越是思考越觉神奇，心中也越充满敬畏，那就是我头顶上的星空与我内心的道德准则。

如果读完这本书，能让你与康德产生共鸣，那么我的目的就达到了。

这本书开始写作于 2012 年年底，而落下最后一个字则是 2016 年年底了，整整过去了四年。这期间我经历了人生的巨大坎坷，在人生最灰暗的时期，每天陪伴我的是一本本天文学著作——毕达哥拉斯、伽利略、开普勒、牛顿、哈勃……我感到自己从未离他们的灵魂如此之近。虽然我抬头只能看见刺目的日光灯和一成不变的白色天花板，但我的思想却在宇宙中遨游。当周围的人们都在热烈地谈论着金钱、权力和美女时，我却在角落里为头顶的星空写下一个个故事，下巴上贴着一张纸条：请勿打搅我和开普勒。

在过去的几年中，美国科普和科幻作家阿西莫夫对我的影响很大，我读了一遍又一遍他的自传《人生舞台》，他成了我的精神导师。在我写自己的第一本书《时间的形状》时，基本上是抱着一种"玩票"的心态，很随意地写作。当我写第二本书《亿万年的孤独》时，态度已经明显端正了很多，开始用创作的心态来写作。而本书是我正式出版的第三本书，我已经抱着一种敬畏之心来对待科普写作了。不过这种敬畏之心不代表我会把科普书越写越严肃，阿西莫夫即便在他70岁的时候，依然充满风趣幽默，而我也会追随阿西莫夫，尽可能地把科普书写得通俗有趣。尽管我知道，在今后很长一段时期内，我所有的写作都是对阿西莫夫的拙劣模仿，但我相信自己一定能在中文科普上形成自己独特的风格，为我的读者不断奉献出更好的作品。我立志将科普当作我终生的事业，直到写不动字、讲不出话的那一天。阿西莫夫说希望自己是死在打字机上的，鼻子夹在键盘上长眠，而我也有同样的愿望。

可能很多人都思考过这样一个问题：人活着为什么？我也常常会想，而且随着年龄的增长，想得也越来越频繁。在20多岁的时候，我心中的榜样基本上都是商业领袖，天天想着自己如何才能创业成功，开创一个大大的商业帝国。那时候觉得人活着不就是为了活得更舒服一些吗？体验各种各样没有体验过的感觉，挣很多很多的钱。那时，我也跟很多年轻人一样，热衷于各种电视创业秀，听各种成功人士的励志故事。现在人近中年，想法也发生了变化。马斯洛的需求层次理论告诉我们，人在满足了生理、安全、社交和尊重的需求后，就会产生自我实现的需求。我心目中的自我实现，就是创造出能对社会产生正面、积极影响，并在我离世后还能流传下去的非物质财富，目前我正在向这个目标努力。当然，我觉得自己现在还没有资格大谈这种类似心灵鸡汤的感想，我感觉自己还挺嫩，以后每出一本书，就可以多谈一些，或许等我写到第10本书的时候，就会觉得自己有资格谈人生了。在现在这样一个人生中的黄金年龄，我应该少发些感想，多看些书，多搞些创作。

从2016年5月开始，我在好几个网络电台上都开设了一个叫作"科学有故事"的个人电台，并且一边修订本书一边播讲我的第一个专辑。我原以为在这样一个娱乐至死、金钱至上的年代，不会有多少人听我讲虚无缥缈的天文知识。然而令我没想到的是，这个节目受欢迎的程度远超我的预期，从小学生一直到80岁的老者都有我的听众，每天我都会收到许多评论和私信，表达对我节目的喜爱，希望我不要断。在这样一个浮躁的年代，依然有这么一批听众每周守候着听我讲述星空的故事，令我很感动。

这本书的出版得到了很多听众的无私帮助，比如，听众"五月"为本书精心绘制了大部分插图，不求任何回报；来自重庆的听众李梦尧听说我需要一些星空摄影的配图，立即把他压箱底的好照片都翻出来了，任我选用。他还特地用了不止一天的时间，为本书拍摄了说明"路灯效应"的照片，在那两张最终呈现在读者面前的照片背后，是驱车几十千米选景，反复的调试和拍摄。以下是他自己记录的拍摄经历。

当我在贵州高山草场上，看着太阳一点点落下，明月慢慢升起，星空密布在天幕上的时候，耳边正在听着汪诘老师播讲的《星空的琴弦》。在节目里，他说道："我想告诉女儿小时候在夜空下漫天星辰的美丽，但是现在的城市里已经完全没有办法看到了。"我也想到小时候在重庆缙云山下，奶奶带着我爬山，然后在半山腰的水库边停下，躺在草地上，星辰映在平静的水面中，那应该是我第一次认真地观察星空。

为了体现在观测星体间距离增减的"路灯效应"，为了体现两边聚拢或者发散的线条，我选择了最广的12mm超广镜头来增强透视效果。重庆的街道和马路大多都蜿蜒曲折，我开着车寻找几条车流较少，光干扰较少又笔直的道路，终于在重庆南滨路与巴滨路交界处找到适合的场地，在 11 点之后将相机以一个仰角放在车内中控台上拍摄了一组。为了使两边路灯线条的亮度适中，我尝试了很多曝光参数，感光度从 ISO400～1600 都试过，光圈也从 F4 试到 F11，快门必须结合车速，最终选定在 60 码的速度下，4 秒的曝光，在线条上取得了不错的平衡。不巧那天小雨，当我把拍摄完成的照片发给汪诘老师，发现车窗前半部分有很多雨滴。线条的感觉初步通过，我们又讨论了一下车尾的拍摄要点。几天后，重庆终于放晴，我再次在晚上 11 点左右来到之前的拍摄位置，很顺利地拍摄了车头的照片。而后在拍摄车尾时，用了同样的曝光参数，因为后窗玻璃的阻隔光线效应就会偏暗。重新调整参数后，我又在开车的同时，操作无线快门线，这样很难保持车辆直行，因此花费了更多的时间。前后差不多大概拍了 300 张照片，终于选出了几张能说明效应的照片。

　　因为地球自转，长时间曝光下的星空照片，会变成"星轨"—— 整个图片围绕北极点指向的天空呈同心圆形状。而重庆周边地区，因为湿度极大，很难保持连续几个小时的晴朗天空，多次外出拍摄均没有成功拍出较好的星轨。在讨论这个照片的时候，正好遇到工作比较繁忙，天气也不好，一直没有成行去拍摄。而后想到，可以用单独的星空照片，用后期模拟星轨效果。于是我用 PHOTOSHOP 模拟了几张星轨给汪诘老师，老师说："很漂亮，但是星轨中心点的仰角和位置没有对应照片拍摄地的纬度和正北方！严谨的专业读者很容易识别出来。"于是我又决定在重庆多雾的冬天，在工作之余抽时间驱车到近郊寻找适合的星轨拍摄地。我在手机里装上星空拍摄的 App，寻找适合的正北方向取景星空，雾气让星星的亮度大为降低，让取景的艰难程度又进一步增加。在询问了多名同行朋友，又实地考察了几个点之后，终于在一个水库旁边找到相对适合的取景点。星野图片或者银河的拍摄，需要将相机的参数设置在高感光、大光圈、快门速度不能高于 30 秒的情况，用高感光和大光圈更多地记录下星星的数量，有时候能够记录下几倍甚至几十倍肉眼可见的星星。而快门速度，根据星野拍摄的 500 法则（即焦段与快门时间不能高于 500，否则因为地球自转星星会出现拖尾），我使用的 15MM F2.8 镜头不能高于 30 秒。但是星轨的拍摄，需要相机曝光足够长的时间，一般会超过 2 小时，让地球有足够的时间发生自转位移，因此需要设置到更低的感光度和更小的光圈。然而，当我完成了两小时的拍摄之后，却发现镜头前端因为湿度过高，凝结了很多雾气，使得拍出的照片非常模糊，完全不能使用，这次星轨拍摄失败。但是，从这次拍摄中，我也了解了北极点的指向和纬度与同心圆中心仰角的关系，从严谨的科学性来说，我至少能保证以后就算必须用后期技术制作星轨，它也是完全符合天体运行规律的！

也许说得大一点，为汪诘老师新书拍摄照片的经历，也是一种科学素养的训练。不同于我在工作中为其他企业或者媒体拍摄的照片，除了对美的追求，还有严谨的科学思维。一直自诩在摄影师中是科学素养最高的那一类，经过这些我也能更心安理得地说出这句话。就像汪诘老师反复说的，写这本书最重要的观点就是：比科学知识更重要的，是科学精神。

那么对于这些照片，比它们更重要的，是这些经历和带来的精神感悟。

感谢许多知识丰富的听众在本书音频节目播放过程中为我指出的错

用软件合成的假星轨照片

漏，也感谢我的妻子为本书所做的润色。由于水平所限，我相信本书中依然存在错误，希望得到各位读者的批评指正。

2016 年 12 月 1 日

汪诘　完稿于北京

第二版后记

写这篇后记的时候，由于上海市新冠肺炎疫情的防控需要，我被"闭环管理"在家中，很多年后回过头来看，这将成为时代的一个烙印，特此记录下来。

当本书出到第二版时，我在网络电台上开播"科学有故事"也已经六年了。这六年来，无数听众在"比科学故事更重要的是科学精神"这句Slogan的陪伴下入眠。不过，这六年来，关于到底什么是科学精神，在我的节目留言区或者我的听众群中经常会爆发激烈的争论。我先把一个典型的争论整理成文，你可以先用一个旁观者的心态看看甲乙双方的观点，边看边思考你自己的观点。我在最后会谈我的观点。

甲方的观点用一句话来说就是：科学精神就是不轻易否定。而乙方的观点也可以用一句话来说，就是：科学精神就是不轻易相信。

甲方首先发言，他说：

为什么我们会认为民科没有科学精神，因为他们就是轻易否定前人的研究成果，因为自己没搞懂相对论，就轻易地否定相对论；因为自己没搞懂进化论，就轻易否定进化论。

很多人表示赞同。接下去，甲方继续推论说：

同样的道理，很多自诩有科学精神的人，在自己没有搞懂古人的理论之前，就忙着去否定了。比如，他们根本没有看过一天的《周易》，就轻易否定周易的价值；没有搞懂阴阳五行理论，就轻易去否定流传几千年的古代智慧。这些人其实非常双标，并没有真正的科学精神，他们往往一边推崇自己并不懂的相对论、量子力学，一边又极力地贬损自己同样不懂的阴阳五行、易经八卦。

很多潜水很久的人听到这里，也都出来鼓掌和点赞。甲方继续发言：

我认为，科学精神首先是一种谦虚、谨慎、包容的精神，对于任何学说和理论，都不要轻易地去否定，尤其是对那些有着几千年积淀的理论，更应该本着一种敬畏的心态，首先想到的是学习它、了解它，而不是因为自己不懂，或者现代科学还无法给出合理的解释，就一棍子打死它。

甲方的发言获得了热烈的支持。

但就在这个时候，突然有人发出了一个很不和谐的声音，吃瓜群众期待已久的乙方终于出声了，他说道：

错了，科学精神不是"不轻易否定"恰恰相反，科学精神是不轻易相信。

民科没有科学精神的原因，并不是他们轻易否定前人的成果，而是他们"打死都不相信"前人的成果。比如相对论，它已经经历了百年的风雨考验，从它们诞生的第一天起，就有无数人在质疑，而随着时间的推移，这些理论不但没有被推翻，还写进了所有自然科学的教科书中。今天，有无数的证据可以证明相对论的正确，小到你车里的 GPS，大到超新星爆发、黑洞、引力波的观测证据，全都符合相对论的推论。但是，违反相对论的证据却一个也没有出现。进化论也是如此。而民科，却无视所有这一切，打死也不相信相对论。具备科学精神的人，虽然"不轻易"相信任何理论，但绝不是"永远不相信"任何理论，当证据足够充分时，他就会信。

我有科学精神，所以，我不会轻易相信一个民科的理论，除非他能获得科学共同体的广泛认同。

同样的道理，我也不会轻易相信一个所谓流传千年但缺乏证据的理论。

这个时候，甲方忍不住打断了乙方，冷笑着说道：

哼哼，我看你就是打死也不相信古人智慧的民科吧，标榜自己有科学精神，可你和打死也不相信相对论的民科有什么区别呢？你虚心学习过古人的理论吗？你根本都没弄明白这些理论，就大言不惭地否定。

乙方毫不示弱，回答说：

当然是有区别的。区别就在于，民科不相信科学共同体，而我相信科学共同体。换句话说，当一个理论被科学共同体接受时，我就接受，反之我就不会轻易相信。之所以质疑那些流传千年的古人理论，是因为这些理论缺乏科学证据的支持，并没有得到科学共同体的接纳。科学共同体是一个比较复杂的概念，简单来说，就是受过专业训练、有资格被我们尊称为科学家的群体们的共识。用最通俗的语言来说，就是"那些用科学无法解释的理论"我不会轻易相信。

甲方等的就是乙方最后这句话，因为这句话在甲方看来，就是乙方最大的软肋。所以，甲方立即反驳道：

我最反感的就是你们常常挂在嘴边的这句"科学解释不了这个理论，所以这个理论就是错的"，这得是多么傲慢的一种心态啊，人类在大自然面前，是多么地微不足道，科学解释不了的理论就是错的吗？科学解释不了的自然现象太多了。能不能谦虚点啊，真正的科学精神是虚怀若谷，是海纳百川，而不是你这种伪科学精神的卫道士，动不动就是科学无法解释，动不动就否定这个否定那个。听过这句话吗：弱小和无知不是生存的障碍，傲慢才是。

甲方的发言再次获得了掌声，大家都认为甲方的反驳非常有力，足以让乙方哑口无言了。但是，乙方却不慌不忙，沉稳地回应道：

很遗憾，我必须指出，您刚才的发言偷换了一个重要的概念。让我复述一下您刚才的两句话"科学解释不了的理论就是错的吗？科学解释不了的现象太多了"。请注意，您第一句话说的是科学解释不了的理论，而第二句话说的是科学解释不了的现象。换句话说，第二句话中，您悄悄地把"理论"偷换成了"现象"。科学解释不了的现象确实很多很多，但现象是大自然中的客观存在，而一个客观存在的东西，当然也就没有对错之分。但是，一个"理论"却是人为制造的概念，理论要做的事情是解释现象，它本身并不是现象。所以，一个连科学都解释不了的理论，那当然就是一个不被科学共同体接受的理论，至少是暂时不被科学共同体接受的理论。一个具备科学精神的人，不轻易相信一个还没被科学共同体接受的理论，这在逻辑上是完全自洽的。另外，"不轻易相信"代表的是一种质疑的精神，而不是否定，这两者之间也有概念上的差别。

再说到谦虚和傲慢，您的逻辑非常奇怪。"谦虚"这个词指的是承认自己有可能是错的，而傲慢则是不接受任何质疑。现在，恰恰是您觉得一个流传千年的古人理论不能接受任何质疑，不能被否定。而我则是虚心地认为，哪怕一个流传千年的古人理论，也有可能是错的，这个世界不应该存在绝对正确、永不能被质疑的真理。我不太明白为什么按您的逻辑，在这种情况下，反而认为是我傲慢呢？按照最朴素的词义，傲慢的一方不应该是您吗？

甲方稍微沉默了一会儿，继续发言：

既然您说科学精神是不轻易相信，那么我想问您：对于一个理论，要满足什么样的条件您才会相信呢？

只需要满足一个条件：拿出科学共同体认可的证据即可。

甲方突然笑了起来：

哈哈哈，在我看来，您的脑袋不过就是别人的跑马场，开口闭口科学共同体，我且不说是不是真有所谓的科学共同体的存在，就您这样没有独立思考能力的人，脑子不过就是别人的跑马场。一个理论是否正确，您自己不会独立思考判断吗？一个迷信权威的人，还好意思谈科学精神。

乙方回答说：

有一点您说的是对的，我确实信赖权威，但这个权威并不是指的某一个人，而是代表科学界的一种普遍共识。这个世界上任何一个可以被科学定性、定量研究的问题，会有三种可能的情况：一、这个问题有一个普遍共识的答案，比如新冠肺炎是由一种叫新冠病毒的病原体引发的，疫苗是目前应对这种疾病的最有效的方法。二、这个问题没有一个普遍共识的答案，尚在争论当中，比如疫苗的接种率到底要达到多少才能形成免疫屏障？三、这个问题科学还无能为力，不知道答案。比如新冠病毒的源头在哪里？它是一直隐藏在大自然中呢还是新近演化出来的？

我也必须诚恳地承认，对于任何一个科学问题，我都不具备独立探索研究的能力。人类文明发展到今天，科学探索，或者说科研已经是一个高度专业化的工作，而且分得非常非常细，在任何一个细分领域想要获得发言权，都需要寒窗苦读数年，甚至十多年才能跨入门槛。作为一个普通人，我除了选择信赖科学共同体，没有更好的选择。假如有一个问题是科学共同体也没有答案的，那我只能老老实实地回答：我不知道。

讲到这里，我也很想问您同样一个问题：既然您说科学精神是不轻易否定，那么，对于一个理论，要满足什么样的条件，您才会否定呢？

乙方问完之后，隔了好一会儿，甲方回答说：

你这个问题太复杂，很难用一句话来回答，必须具体理论具体分析，不能一概而论。总之，一个理论哪怕今天看起来不科学，不代表未来也不科学。历史上有很多获得诺贝尔奖的成就，在刚诞生的时候，也是不被科学界承认的。这是一个不可否认的事实，这个事实证明，科学精神就是不要轻易去否定。轻易去否定、打击一个理论，对于打击着来说，表现出的是一种令人感到恶心的傲慢。而对于全社会来说，很可能损失一个诺贝尔奖级的伟大成就。苏格拉底曾经说过：我唯一知道的就是我的无知。这是苏格拉底2000多年前穿越时空送给您的一句话，也是我今天最想送给您的一句话，希望能对您有所启迪。

乙方回应说：

您刚才说到历史上有很多获得诺贝尔奖的成就，在刚诞生的时候，也是不被科学界承认的。您以此来说明不要轻易否定一个理论。而我倒是觉得，这件事情恰恰证明了科学精神就是不轻易相信，你看，连那么多诺贝尔奖级的成就刚出来的时候，科学界也都是不轻易相信的，而是不断地要求更多的证据、更多的重复验证，当证据充分了，科学界最终会接受这个理论。

我想，关于这个问题，我能说的都已经说完了，只是个人的一些浅见，供大家参考。最后，我想说一句可能不敬的话：中国有很多很多流传千年，在上古时代就已经成熟的理论，比如阴阳五行、易经风水等，它们曾经代表了辉煌灿烂的中华文明，放在它们诞生的那个年代，绝对是了不起的。但不得不说，这些古代智慧都有一个共同的特征，那就是：无论出现什么样的情况，都不可能证明这些理论是错误的。正是这个共同特征，让它们在逻辑上就不可能被否定，因为没有任何证据可以否定它们。

苏格拉底的那句话我并不喜欢，因为他有内在的逻辑矛盾。我本人更喜欢科学家费曼说过的一句话，他说：我宁愿要一个没有答案的问题，也不需要一个永不能被质疑的答案。这也是我今天想送给所有人的一句话。

以上，就是一次比较典型的关于什么是科学精神的争论，我不知道你看完后持什么样的观点。我看到有人说：甲乙双方的观点其实并没有本质的矛盾。任何理论在被证伪之前不能轻易否定，在被证实之前不能轻易相信。如果是一个既不能被证伪，也不能被证实的理论，那就不是科学问题。而对待非科学问题的科学态度一定是，不知道，而不是否定。

还有人说：

两个人的发言都对，只是他们把问题二元化了，非对即错。包容即是正确吗？不相信即是错误吗？这个讨论进入了立场之争，没有结果的。

还有人说：

既不轻易否定，也不轻易相信，这二者都选，因为它们本质是相同的，都是"不轻易"，把二者割裂开来辩论真的莫名其妙。

在我看来，这些人可以被认为是中间派，他们试图融合甲乙双方的观点。我觉得中间派在生活中多半是一个很有中国传统智慧、人缘很好的人，他们可以在不同的人群中潇洒地游走，四处逢源。说实话，我做不到这一点，甚至在我的很多亲戚的眼中，我算个异类。

如果这是一场辩论赛，让我来投票的话，我会投乙方一票。

在我看来，"不轻易相信"和"不轻易否定"这两种思维方式，如果从语言语义的角度来说，是可以对立统一的。就好像我们在日常生活中说"可能是对的"或者"可能是错的"，这两句话在语义上，虽然其中有对错这两个反义词，但如果深究语义的话，其实两句话中有一个交集的部分。换句话说"可能是对的"也就意味着"可能是错的"。

"不轻易相信"和"不轻易否定"这两句话，虽然"相信"和"否定"是反义词，但这两句话本身在语义上确实也是有交集的地方。

不过，请注意，我前面说的是"如果从语义的角度来说"，它们可以对立统一。但如果从生活中实际处事的角度来说，也就是要决定做还是不做某事的时候，它们就几乎不可能对立统一了。我举一些例子来说：

比如，当一个人面对是否要去尝试一种最新疗法时（这里不谈绝症，只谈普通疾病），只有做和不做这两种选择，那么，思维方式就会决定他会做出什么样的选择。一个持有"不轻易相信"思维方式的人，他如果思想和行为一致的话，那么他在没有看到科学共同体认可的证据证明这种疗法有效的情况下，就会选择"不相信"这种疗法，从而做出放弃某种新治疗方案的选择。但是，一个持有"不轻易否定"思维方式的人，在没有看到证伪的证据时，就会选择"不否定"这种疗法，而敢于一试。这里其实还有一个现实的问题，就是按照我国传统理论，是"千人千方"的，因此，对于一个方子来说，从逻辑上是无法证明对一个从未使用过这个方子的人无效的。

在这个例子中，无论是"不轻易相信"方还是"不轻易否定"方，至少在抉择的时候都是非常果断的，不会纠结，思维方式和行动也是完全自洽的。但对于中间派来说，可能就会非常痛苦了，因为中间派此时会面临一个"既没有证伪也没有证实"的理论，不论是选择"相信"还是"否定"，都符合自己的思维模式，都能说服自己。但问题是，现实生活中一个人常常要面对二选一的选择，没有中间余地，这时候，中间派的人的选择往往会很不稳定，最终的选择会受到各种主观和客观的随机因素的影响。

在生活中这样的例子比比皆是，比如在福岛核电站发生泄漏的时候，有一种理论说吃碘盐能够防辐射，一个人会面临去买还是不买碘盐的二选一。

这个例子还比较温柔，因为不管做出什么样的选择，其实都没有太大损失，无所谓对错。但还有不温柔的例子。

比如，2013年有一家保健品公司在天津拿到了合法的营业执照，提供一种叫作"火疗"的保健服务和各种自己研发的保健品，这些产品是在一种比较高深的"排毒"理论指导下的产物，有万般好处。有一位49岁的徐女士刚好感觉自己的身体有各种"中毒"的症状，当她得知这个理论后，就面临做还是不做的选择。当然，后面的故事很可能大家都听说了，徐女士因为自己的决定而丢掉了性命。而这家公司也在2019年被取缔，全国人民都知道了火疗的骗局。但是，我们真不能以事后诸葛亮的方式来嘲笑徐女士的智商，在出事前，火疗的理论并没有被证伪，相反，倒是有一堆的所谓的成功案例，而一个人对于什么是有效的医学证据没有专业知识的话，是非常容易认为那些所谓的成功案例就是有效证据的。

假如有人认为自己很容易分辨哪些疗法是骗局的话，我想说，他可能高估了自己的判断力。有兴趣的话，你不妨用这样的句式在网上搜索"××最新治疗方法"，这个××要填写一个具体的疾病名称。比如"面瘫最新治疗方法""尿失禁最新治疗方法""不孕不育最新治疗方法""艾滋病最新治疗方法""老年痴呆最新治疗方法"等，一定是一个具体的疾病名称，然后，你坚持翻看5页以上的搜索结果，然后再问问自己，是否能很容易地判断出哪些是骗局，哪些不是。

在讨论与自己切身利益不相关的问题时，很多人可以表现得像一个睿智的辩证唯物主义者，他们可以高谈如何一分为二地看问题。可一旦这个问题是一个实实在在地需要做出选择的问题时，一分为二的思维模式往往就不管用了。除了像要不要选择一种疗法这样的实际问题，生活中我们还会遇到各种类型的抉择。比如，我们用什么样的方式教育孩子，就可能会面临二选一。是不是要给孩子进行胎教，要不要给孩子买学步车，要不要让孩子去参加大脑潜能开发班，要不要让孩子去练习1分钟读一本书的超级阅读法等。

再比如，面对各种各样的成功学理论，是不轻易相信，还是不轻易否定呢？哪些成功人士讲的道理值得尝试，哪些不值得呢？这些问题的答案都与一个人的思维模式息息相关。我们每个人的时间和精力都不是无限的，很多时候，做出一个选择的同时也意味着放弃了无数个其他选择。不要认为有些选择即使错了也没损失，假如这个选择让你付出了时间和精力，就是付出了成本，没有收获就是损失。

其实，这里面还有一个隐藏得很深的逻辑问题。"不轻易相信"可以拆解成两个更明确的命题，那就是"当某个理论或者观点存在科学共同体认可的证据时，相信；否则，不相信"，而是否有"科学共同体认可的证据"从逻辑上来说是可操作的，也是较为明确的。但是，如果我们把"不轻易否定"也拆成两个明确的命题，就是"当一个理论被证伪时，就否定；没有被证伪时就相信"，这样的两个命题看似明确，其实从逻辑上来说无法操作，因为这个世界上有很多理论或者观点从逻辑上来说就无法被任何证据证伪。

在生活中，当我听到一个人说"我既不轻易否定也不轻易相信"时，从我从身边的人观察到的情况来看，他要么是一位科学素养极高的人，比如功成名就的科学院院士；要么就是一个科学素养不高的人，比如一些喜欢读鸡汤故事，人缘很好，热衷于各种美容保健的朋友。但我相信，这两类人群，对于到底怎样才算"轻易"或者"不轻易"，是有着完全不同的理解的。

我看到有一位听众是这么留言的：

对于没有科学精神的人来说，当他们说："不要轻易否定。"就是指他喜欢的理论，你别否定。当他们说："不要轻易相信。"就是指他不喜欢的理论不要轻易相信。在我看来，超越自己的偏见，是科学素养的门槛。

我觉得这个留言说出了一个普遍现象。我也赞同他最后的观点：超越自己的偏见，是科学素养的门槛。

但真正难的是，如何才能发现自己的偏见。

到目前为止，我认为最好的办法还是：不要困在自己的信息茧房中，多看那些有着悠久历史和良好口碑的信源，不要只看与自己立场一致的言论，多关注一些持不同立场和观点的专家学者的言论，不要把"公知"当作一个贬义词来看待，而是把"公知"的言论也平等地当作一种不同的声音。

以上，抛砖引玉，每个人都不应该放弃自己独立思考的天赋人权。

2022 年 3 月 20 日　于上海莘庄